Studien zum sozialen Dasein der Person

Die menschliche Existenz in ihrem personalen Status ist geprägt von der Sorge um die gelingende Daseinsbewältigung im Lebenslauf. Dabei ergibt sich eine Fülle sozialpolitisch relevanter Themen. Vor allem mit Methoden der qualitativen Sozialforschung sollen die sozialen Probleme immer zugleich aus der Perspektive des personalen Erlebnisgeschehens dargestellt werden. Die kulturellen Grammatiken der sozialen Mechanismen des Prozessgeschehens sollen dergestalt aufgehellt werden. So zeichnen sich auch Perspektiven sinnvoller sozialer Interventionen ab, die die Chancen des Gelingens personalen Seins verbessern können. Die Studien sollen im Lichte einer entsprechenden philosophischen Anthropologie fundiert und die Basis erfahrungswissenschaftlich orientierter Analysen im interdisziplinären Schnittbereich von Sozial- und Kulturwissenschaften sowie der Psychologie angesiedelt sein.

Band 50

Frank Schulz-Nieswandt

Der Mensch als geistiges Naturwesen bei Adolf Portmann (1897–1982)

Reflexionsfragmente im Lichte eigener autobiographischer Perspektiven

Nomos

Onlineversion
Nomos eLibrary

Die Deutsche Nationalbibliothek verzeichnet diese Publikation in der Deutschen Nationalbibliografie; detaillierte bibliografische Daten sind im Internet über http://dnb.d-nb.de abrufbar.

ISBN 978-3-7560-0535-2 (Print)

ISBN 978-3-7489-3891-0 (ePDF)

1. Auflage 2023

Inhaltsverzeichnis

Vorwort als einführender Abriss der Erkenntnisinteressen

„Kein Buch ohne Vorwort“.[1] In diesem Vorwort, das etwas wie ein Torso aus verknüpften Fragmenten wirkt, will ich betonen, dass es um das Werk von Adolf Portmann geht. Aber auch um seine Bedeutung für mich und meine eigene Entwicklung in der Einheit von Wissenschaft (Forschung und Lehre) und Persönlichkeit. Insofern geht es auch um einige autobiographische Aspekte, die sich zu einem themendimensionalen Faden verdichten, den ich in das Gesamtgewebe des Textes einspinnen werde.

*

Innerhalb der Darlegungen zur rekonstruktiven Erinnerungsarbeit an das Werk von Adolf Portmann dominieren drei Schwerpunkte, die wie Wachstumsringe endogen aus dem Keim seiner Zoologie – „Wieder einmal zwingt biologische Arbeit zu erneuter anthropologischer Besinnung“[2], wobei die qualitative Differenz zu bedenken ist: „Die Menschwerdung ist die Entstehung einer neuen Seinsform.“[3] – erwachsen im Kontext einer Philosophischen Anthropologie als Propädeutik einerseits und andererseits als Klammer vieler Einzeldisziplinen: (1) die Biosemiotik, (2) die anthropologische Fundierung der frühen Formation der lebenslangen Sozialisation und (3) die Kulturkritik der Entfremdung der Gestaltwahrheit des Menschen als Naturwesen mit Geist im Zeitalter der technischen Zivilisation und der kapitalistischen Gewalt im Allzusammenhang der inneren Natur des Menschen, der „zweiten Natur“ der Formen des objektiven Geistes der Menschen und (3) der äußeren Natur insgesamt.

Der Text der Abhandlung hat einerseits eine lineare Richtung entlang der Kapitel, hat aber auch einige Verästelungen aufzuweisen, ohne dass die Struktur insgesamt – wie so oft in meinen Abhandlungen – mitunter überkomplex angewachsen ist.

*

---

1 Pluto-Prondzinski Th von (2016) „Kein Buch ohne Vorwort“. Erich Kästners Paratexte als Medien eines demokratischen Literaturverständnisses. Tectum, Marburg.
2 Portmann A (1965) Aufbruch der Lebensforschung. Rhein-Verlag, Zürich: S. 85.
3 Portmann A (1965) Aufbruch der Lebensforschung. Rhein-Verlag, Zürich: S. 85.

Ich mache mir mit dem vorliegenden 50. Band in der von mir federführend aufgebauten Schriftenreihe „Studien zum sozialen Dasein der Person" – ähnlich wie mit dem 40. Band, der vom Werk des für mich autobiographisch wichtigen Horst Wolfram Geißler[4] handelt – eine kleine Freude, aber keineswegs quasi etwas vorgezogen zu meinem 65. Geburtstag im Juli 2023, da ich meine Geburtstage noch nie gerne gefeiert habe und froh bin, meist, wie es auch im laufenden Jahr geplant ist, an meinem ostkretischen Sehnsuchtsort zu sein.

Es gibt also mehrere gute Gründe für die vorliegende Abhandlung. Denn, um diese soeben erwähnte Spinnradarbeit an der textlichen Gewebestruktur nochmals zu betonen, (1) das Werk von Adolf Portmann ist es wert, in seiner aktualisierbaren bleibenden Relevanz für die Kulturwissenschaften und für die psychodynamisch fundierte Sozialwissenschaft in Erinnerung gerufen zu werden, und es ist (2) auch in autobiographischer Hinsicht für mich selbst von tiefer Bedeutung.

Diese autobiographische Dimension[5] stricke ich – im Ertrag hoffentlich nicht als Fremdkörper – in das textliche Gewebe der vorliegenden kleinen und dichten Abhandlung ein,[6] vielmehr hoffend, dass es zu der Wirkung einer wechselseitigen Erhellung kommt.

*

Im ontogenetischen Kern geht es um Kindheitsträume: um Träume aus der Kindheit, die als atmosphärischer Zauber erlebt worden sind. Bei mir waren es das Mikroskop und die Reagenzgläser im hölzernen Ständer, später dann eher der Biologieleistungskurs als der Chemiegrundkurs. Adolf Portmann war sodann die Brücke zwischen dem Biologieunterricht und dem Themenkreis der Entwicklungspsychologie, der Pädagogik und der Sozialisation, die mich im Leistungskurs Erziehungswissenschaft so faszinierten, mehr als – damals – die unverständliche Luhmann-Lektüre im Grundkurs Sozialwissenschaft.

Schon in der Zeit der Oberstufe erwarb ich für mich wertvolle Bücher, worauf ich nochmals kurz zu sprechen kommen werde. Die „Allgemeine

---

4 Schulz-Nieswandt F (2021) Horst Wolfram Geißler (1893–1983). Hermeneutik der Daseinstiefe einer heiteren Literatur. Nomos, Baden-Baden.

5 Umfassender bereits Schulz-Nieswandt F (2019) Die unvollkommene Paideia. Eine psychomotorische Hermeneutik meiner Odyssee zwischen Schicksal und Freiheit. Königshausen & Neumann, Würzburg.

6 Dazu auch Erben D & Zervosen T (Hrsg) (2018) Das eigene Leben als ästhetische Fiktion. Autobiographie und Professionsgeschichte. transcript, Bielefeld.

Soziologie" von Detlef Grieswelle[7], die im Kohlhammer-Verlag erschienen war und die ich in der Abfassung dieses Vorwortes nochmals in die Hand nahm, steht heute noch in meiner Bibliothek. Später publizierte ich mehrere Bücher im Kohlhammer-Verlag, dabei auch mit Blick auf die verrinnende bzw. zerrinnende Zeit (hier wiederum an „Die Beständigkeit der Erinnerung" von Salvador Dalí[8] erinnernd) zur Kenntnis nehmend, dass es diese alte Urban-Taschenbücher-Reihe nicht mehr gibt. Allerdings sind die Taschenbucheinbindungen heute doch mehr als deutlich besser geworden. Das Buchpapier war damals aber schöner, nämlich gefühlt holzhaltiger. Dies so herauszustellen, ist aber wohl heute nicht mehr politisch korrekt. Aber die Erinnerung ist dennoch schön. Die PDF-Generation heutiger E-Journal-Studierender kennt auch nicht mehr den wunderschönen modrigen Geruch alter Bücher. Und ein neues Buch ist gerade bei Kohlhammer in Vorbereitung. Wie sich doch manche Kreise schließen können.

Auch im Studium – ich lebte infolge meiner sozialen Herkunft alles andere als auf großem Fuß – war immer Geld übrig für den Kauf von Taschenbüchern. Damals erkannte ich, welcher Bildungs- und Demokratisierungseffekt im preislich günstigen Taschenbuch[9] verborgen war. So entwickelte sich auch die Liebe zu der animistischen Aura von Bücherregalen, die die Atmosphäre meines Wohnens – den Göttern sei Dank mit Akzeptanz meiner Familie – bis heute immer bestimmt haben, zumal die museale Struktur anwuchs durch die authentische, dennoch (semiotisch begreifbare) codierte bildungskulturelle Inszenierung der Daseinsführung: Bilder, Skulpturen, Vasen, Masken. Damit bin ich immer noch beim Thema: Es handelt sich – bis in die tiefere habituelle Psychodynamik hinein – auch bei den Wohnbildern als Ausdrucksgestalt der Seelenbilder um Reifung im Altern als ein Leben in Wachstumsringen (ich komme auf Rainer Maria Rilke nochmals zurück) des Menschen als Naturwesen mit Geist, womit ich in aller Dichte auf die Essenz des Werkes von Adolf Portmann anspiele.

Das Werk von Adolf Portmann beeinflusste die Entstehungsphase meines wissenschaftlichen Interesses als Gymnasiast (als „Gymnastiker", wie es in Erich Kästners[10] „Das fliegende Klassenzimmer" heißt) und begleitete mich

---

7 Grieswelle D (1974) Allgemeine Soziologie. Kohlhammer, Stuttgart u. a.

8 Salbe L (2004) Salvador Dalí. Rowohlt, Reinbek bei Hamburg.

9 Spoerhase C (2017) Rauchen oder Lesen? Zur Erforschung der Geschichte des Taschenbuchs. Archiv für Geschichte des Buchwesens 72: S. 239–243.

10 Zu Kästner vgl. auch Becker S & Hanuschek S (Hrsg) (2917) Erich Kästner und die Moderne. Tectum, Marburg. Kästner arbeitete mit Paratexten, womit die Andeutung gegeben ist, auch in diesem Vorwort paratextliche Spuren entdecken zu können. Vgl.

– mal stärker, mal schwächer, mal expliziter, mal eher impliziter – im Studium und sodann während meiner Laufbahn als Hochschullehrer.[11]

*

Die vorliegende Abhandlung gehört zudem zu einer Reihe von resümierenden – kleineren wie umfangreicheren – monographischen Abhandlungen „von mir" und *uno actu* „über mich", die sich auf Themenfelder als Kerngebiete meiner Lehre und Forschung – ich werde an verschiedenen Stellen meine wichtigsten Publikationen als Verweisstruktur anführen – beziehen, sei es (1) Europa und die Daseinsvorsorge, sei es (2) die Sozialpolitik, insbesondere die Alternsforschung und die Gesundheits- und Pflegepolitik, (3) die Gabeforschung und die Gemeinwirtschaftslehre sowie das Genossenschaftswesen, (4) der Dritte Sektor, das bürgerschaftliche Engagement und die Selbsthilfeforschung sowie (5) die Philosophie der Ontoanthropologie des Personalismus und seine Rechtstheorie und Ethik, sei es (6) die strukturale Hermeneutik. Und all diese Gebiete der Wissenschaft (hermeneutische Ebene 2) und Handlungsfelder der sozialen Praxis im Drama des Alltags der Menschen (hermeneutische Ebene 1) habe ich zu verknüpfen versucht, immer auch, um die Totalität[12] der sozialen Wirklichkeit der gesellschaftlichen Verhältnisse und der vergesellschafteten Gestalt des Menschen in seiner geschichtlichen Lage in den Blick zu nehmen, die Totalität[13] weder hegelianisch letztlich nur als Bewegung des Geistes in der Weltgeschichte noch marxistisch nur als politische Ökonomie der Basis-Überbau-Struktur im Wandel der Produktionsweisen als Dialektik von Produktionsverhältnissen und Produktivkräften zu verstehen.

Im Werk von Adolf Portmann kommt es eher zur Verflechtung dieser Dimensionen, auch als Einheit von Phylogenese und Ontogenese: Es geht um die dynamische Einheit von Natur, Technik, Kultur und Geist.

*

---

zum Phänomen: Genette G (1989) Paratexte. Das Buch vom Beiwerk des Buches. Campus, Frankfurt am Main/New York.

11 Schulz-Nieswandt F (2022) Die Deutsche Universität. Eine tragische Groteske. Königshausen & Neumann, Würzburg. Zur Krise der Universität hat sich auch Adolf Portmann zu Wort gemeldet. Ich komme darauf zurück.

12 Kosík K (1967) Die Dialektik des Konkreten. Eine Studie zur Problematik des Menschen und der Welt. Suhrkamp, Frankfurt am Main.

13 Vgl. auch Jay M (1976) Dialektische Phantasie. Die Geschichte der Frankfurter Schule und des Instituts für Sozialforschung 1923–1950. Fischer, Frankfurt am Main.

Es mögen noch einige Abhandlungen zu diesen Gebieten dieses Jahr und auch 2024/25 folgen, ich werde dann aber diese Felder meiner geistigen Berufung für mich definitiv abschließen. Alles hat dann seine Zeit gehabt.

Ob ich mich eher der von mir schon mit einigen Monographien begonnenen melancholischen Landschaftsmetaphysik – auch Adolf Portmann wusste um die Bedeutung des Lichts bis hin zur „Erleuchtung" in seinem „Beitrag zur Einsicht in das Wesen des Menschen"[14]: „Erscheinen im Licht – damit ist eine wesentliche Eigenschaft des Lebendigen angesprochen"[15] – und der daseinstiefen Prosa und Lyrik, aber nicht mehr in der bisherigen „daimonisch" getriebenen Produktionsdynamik, zuwenden werde, ist auch unsicher. Zu Griechenland habe ich das Wesentliche ausgeführt,[16] wenngleich das Thema unerschöpflich ist.[17] Gleiches gilt für Phänomene der Erfahrungserlebnisse auratischer Ausdrucksatmosphären im Lichte einer responsiven Phänomenologie[18], wenn ich die geplanten, aber noch ausstehenden kleinen Abhandlungen realisiert haben werde.[19] Unklar ist, ob ich noch einige Herausgeberschaften fortführe. Da sind die Rahmenbedingungen noch nicht geklärt. Der eine oder andere Lehrauftrag mag mich noch in der ersten Zeit nach der Emeritierung beschäftigen.

Ein achtsam-sanftes Passagenmanagement im Altern ist wohl angezeigt, damit die Emeritierung kein kritisches Lebensereignis wird. Wie man die späte Freiheit der Entpflichtung, wie es der Wiener Soziologie Leopold Rosenmayr nannte – sinnhaft nutzen wird, ohne der Ideologie neoliberaler

14 Portmann A (1965) Aufbruch der Lebensforschung. Rhein-Verlag, Zürich: S. 56 f.

15 Portmann A (1965) Aufbruch der Lebensforschung. Rhein-Verlag, Zürich: S. 39.

16 Schulz-Nieswandt F (2021) Zur Göttlichkeit griechischer Landschaften. Königshausen & Neumann, Würzburg; Schulz-Nieswandt F (2021) Die Mittelmeerfahrten von Göran Schildt (1917–2009) und seine Daphne. Moderner skandinavischer Blick, Nachkriegsepoche und Griechenlandsehnsucht. Königshausen & Neumann, Würzburg. Zuvor auch Schulz-Nieswandt F (2017) Erhart Kästner (1904–1974). Griechenlandsehnsucht und Zivilisationskritik der „konservativen Revolution". transcript, Bielefeld.

17 Demnächst: Schulz-Nieswandt (2023) Das Griechenlandbild im Werk von Eva Jantzen. Zwischen arkadischer Sehnsucht und Modernisierungserfahrung. Königshausen & Neumann, Würzburg.

18 Demnächst: Schulz-Nieswandt F (2023) Mythische Atmosphäre und kreativer Eros. Das Zusammenspiel in „Venus und der Antiquar" von Leo Weismantel. Königshausen & Neumann, Würzburg.

19 „Es gibt einige Stellen auf dieser Erde, wo die Schöpfung ihren eigenen Traum zur Vollendung bringt. Das Mittelmeer ist ein solcher Ort", so schreibt Wolfgang Cordan (Das Mittelmeer (1953). Büchergilde Gutenberg, Frankfurt am Main). Dieser Satz hat – wenn man die Schöpfung ohne theologische Signatur versteht – sogar eine gewisse Nähe zum biosemiotischen Naturverständnis von Adolf Portmann.

Subjektivierung des produktiven Alterns zu verfallen, wird sich zeigen müssen. Zwar kenne ich die theoretischen Beiträge der Kritischen Gerontologie als Grundlage einer alternativen Geragogik und auch die Probleme und Ambivalenzen der lebenszyklischen Stufenlehre von Erik H. Erikson gut, doch wird jeder Mensch dennoch letztendlich seinen eigenen Weg finden müssen.

Aber vielleicht entdecke ich – weil mein innerer *Daimon*, der mich so numinos in meinem Leben antrieb, nicht „Ruhe in der Truhe“ gibt – immer wieder vergessene oder unberechtigt unbekannte Werke[20], die es verdienen, in Erinnerung gerufen oder hervorgehoben zu werden. So entdeckte ich Richard Seewald[21] oder Heinrich Federer[22]. Tiefenpsychologisch gesehen, sind diese Anliegen chiffrierter Art. Sind hier – als Subtexte – tiefsitzende Empfindungen über soziale Gerechtigkeit verborgen, wenn man gegen das Vergessen ankämpft? Oder geht es hier um Bewältigung von Endlichkeit, Vergessen und Erinnerung wie in einem Ahnenkult? Beziehe ich mich auf Andere (so fehlt es z. B. unter verschiedenen Gesichtspunkten an Literatur zu Egon Vietta, zu Max Picard, zu Wilhelm Hausenstein, wenngleich sie vielfach von mir in verschiedenen Publikationen angeführt sind) und meine dabei doch nur oder zumindest auch mich selbst?

*

In meinen letzten Büchern habe ich auf Widmungen verzichtet, weil es bei diesen zahlreichen Publikationen bald schon ritualistisch[23] anmutete. Doch wird es wieder einmal Zeit:

Für Alessa, GiGi und Francis.

Dabei hole ich in der Signatur am Ende des Vorwortes noch ein verlorenes Stück meiner Person nach: meinen schönen Zweitnamen Gunnar, der auch in GiGi verborgen ist. Seltsam, warum sich manche Nutzungsweisen oder eben auch Nicht-Nutzungsweisen im Leben so durchsetzen, wie sie sich

20 Im vorliegenden Zusammenhang habe ich vielerlei neue Bezüge entdecken können. Dazu gehört auch die Abhandlung der Biologin Agnes Arber, die Adolf Portmann geläufig war, und deren Abhandlung „Sehen und Denken in der biologischen Forschung“ (Rowohlt, Reinbek bei Hamburg) lesenswert ist.

21 Schulz-Nieswandt F (2018) Metaphysik der Sozialpolitik. Richard Seewald und der Renouveau catholique: Spurensuche auf dem Weg zum religiösen Sozialismus. Königshausen & Neumann, Würzburg.

22 Schulz-Nieswandt F (2020) Heinrich Federer (1866–1928). Soziogramm und Psychoanalyse eines leidvollen Lebens. Königshausen & Neumann, Würzburg.

23 Stollberg-Rilinger B (2013) Rituale. Campus, Frankfurt am Main/New York.

eben entwickelten. Alles wird seinen Grund haben, allerdings sind sie oft verborgen und verschlüsselt, was nicht immer bedeutet, dass sie dramatisch bedeutsam sind.

Über diesen inneren Zusammenhang von Ornament und Tiefe der Innerlichkeit[24], auch mit Blick auf den Zeitpunkt des auftauchenden Erscheinens der Dinge, handelt ebenso Adolf Portmann, wie ich in der vorliegenden Abhandlung darlegen werde. Tiefe darf aber nicht als eigene Schicht isoliert verstanden werden: Die Tiefe (als Protoplasma, das als die stoffliche Grundlage zu verstehen ist[25]) ist immer erst im Ornament[26] selbst wirklich.[27]

Und dergestalt könnte die Wiederentdeckung des Zweitnamens als ein spielerisches Moment – ganz im Sinne der ästhetischen Auffassung bei Adolf Portmann – begriffen werden.

Für Dritte mag der Name – wie es so lautet – „Schall und Rauch" sein.[28] In der lebenslangen Selbstbildarbeit ist der Name Teil des Aktes der Personalisierung, eine der ersten Gaben, die der Mensch erlebt, weil es die Namensgebung[29] seitens der Eltern ist, die sich dabei ein Sinnhaft-Etwas gedacht haben mögen. Der Name wird alsbald für das eigene Selbst eine Selbstverständlichkeit, wird dennoch hin und wieder ein Thema und wird in manchen (mitunter traumatisch bedingten) Fällen abgelegt.

Mag es ein musikalischer Klang, die Traditionspflicht (woraus sich die Vornamenkette von Pippi [Pippilotta Viktualia Rullgardina Krusmynta Efraimsdotter Långstrump] Langstrumpf[30] erklären lassen könnte), modischer Schnickschnack im Zeitgeist, kulturelles Distinktionsbedürfnis, verschlüsselte projektive Sehnsucht (also Übertragungsleistungen) der Eltern – in der relationalen Klassensoziologie von Pierre Bourdieu[31] (methodolo-

---

24 Portmann A (1965) Aufbruch der Lebensforschung. Rhein-Verlag, Zürich: S. 17 ff.

25 Portmann A (1965) Aufbruch der Lebensforschung. Rhein-Verlag, Zürich: S. 213.

26 Portmann A (1973) Vom Lebendigen. Suhrkamp, Frankfurt am Main: S. 217.

27 Portmann A (1965) Aufbruch der Lebensforschung. Rhein-Verlag, Zürich: S. 213.

28 Dazu auch in Schestag Th (2019) Namenlose. Matthes & Seitz, Berlin.

29 Halbwachs V T, Reiter-Zatloukal I & Schima St (Hrsg) (2016) Die Kultur der Namensgebung. Ausgewählte rechtliche, historische und religionswissenschaftliche Aspekte. MANZ Verlag, Wien.

30 Vgl. in Bialek M & Weyershausen K (2004) Das Astrid-Lindgren-Lexikon. Alles über die beliebteste Kinderbuchautorin der Welt. Schwarzkopf & Schwarzkopf, Berlin.

31 Bourdieu P (1987) Die feinen Unterschiede. Kritik der gesellschaftlichen Urteilskraft. 28. Aufl. Suhrkamp, Frankfurt am Main.

gisch angesiedelt zwischen Hermeneutik und Strukturalismus[32]) sind es habitualisierte Investitionen in die Kapitalausstattung der Kinder zur sozialen Statusreproduktion der Familie, wovon in meinem Fall nur mit der Richtung „nach unten“ die Rede sein kann, weil meine Eltern mit Blick auf meinen Weg von der Hauptschule[33] zum Aufbaugymnasium erst mühselig überredet werden mussten – etc.[34] gewesen sein. Bei mir war es, um dies vor dem Hintergrund der aktuellen Kontroversen über die habituellen Nachteile von Studierenden aus nicht akademischen Herkunftsfamilien im Kontext der Universitätskultur[35] zu betonen, die ungeheure Kraft der Begeisterung und der letztendlich produktive Schmerz der Abnabelung (der dionysische[36] Sprung des, um mit Adolf Portmann zu sprechen, sekundären Nesthockers, der dann doch ein Nestflüchter wurde) aus meinem prekären sozialen Herkunftsmilieu, was mir den Studienerfolg sicherte.

Aachen, Februar 2023

Frank Gunnar Schulz-Nieswandt

32 Schulz-Nieswandt F (2021) Rekonstruktive Sozialforschung als strukturale Hermeneutik. Eine dichte Grundlegung. Nomos, Baden-Baden sowie Schulz-Nieswandt F, Bruns A, Köstler U & Mann K (2022) Was ist „struk-jektive Hermeneutik“? Objektive Hermeneutik, Dokumentarische Methode der praxeologischen Wissenssoziologie und post-strukturale Kritische Theorie. Nomos, Baden-Baden.

33 Damals war nochmals etwas anders als heute: Wellgraf St (2012) Hauptschüler. Zur gesellschaftlichen Produktion von Verachtung. transcript, Bielefeld sowie Dempki C (2014) „Hauptsache ein Job später“. Arbeitsweltliche Vorstellungen und Bewältigungsstrategien von Jugendlichen mit Hauptschulhintergrund. transcript, Bielefeld.

34 Gerhards J (2010) Die Moderne und ihre Vornamen. Eine Einladung in die Kultursoziologie. 2. Aufl. VS, Wiesbaden.

35 Vgl. u. a. Dippelhofer-Stiem B (2017) Sind Arbeiterkinder im Studium benachteiligt? Empirische Erkundungen zur schichtspezifischen Sozialisation an der Universität. Juventa in Beltz, Weinheim sowie Grunau J (2017) Habitus und Studium. Springer VS, Wiesbaden.

36 Heinemann A (2016) Der Gott des Gelages. Dionysos, Satyrn und Mänaden auf attischem Trinkgeschirr des 5. Jahrhunderts v. Chr. De Gruyter, Berlin sowie Schlesier R & Schwarzmaier A (Hrsg) (2008) Dionysos. Verwandlung und Ekstase. Schnell + Steiner, Regensburg.

Zur Motivik der Abhandlung: „Ich lebe mein Leben in wachsenden Ringen“

Dem Vorwort sollen einige Vorbemerkungen folgen, die meine Motivik in Bezug auf die Idee der vorliegenden Abhandlung skizzieren sollen.

„Daß die Biologie Adolf Portmanns zum Gegenstand einer Abhandlung gemacht wird, bedarf bei der Verbreitung seiner Schriften und Vielzahl seiner Vorträge keiner Rechtfertigung“, so schreibt 1967 Rolf Kugler in seiner Monographie „Philosophische Aspekte der Biologie Adolf Portmanns“.[37] Nun schreiben wir das Jahr 2023. Kuglers Schrift ist in seiner Entstehung bereits also runde 55 Jahre her. So könnte sich die Frage nach der Rechtfertigung für die vorliegende kleine Abhandlung nochmals neu und anders stellen.

Eine Neuigkeit mag sich im Untertitel zum Ausdruck bringen. Dazu werde ich im Verlauf der Arbeit die notwendigen, das Versprechen einlösenden Ausführungen machen. Was sind noch weitere gute oder sogar hinreichende Argumente der Rechtfertigung als gute Begründung bzw. Angabe guter Gründe? Es geht auch um andere Gründe. Meine Gründe sind Argumente einer verschachtelten Doppelmotivbildung, also zwei aneinander gekoppelte handlungsleitende Themen, die den Stoff meiner Abhandlung organisieren:[38] Ich will (1) mit der Abhandlung im Modus einer rekonstruktiven Erinnerungsarbeit[39] die aktuelle Relevanz des Werkes von Adolf Portmann darlegen, wobei ich damit und dadurch – also dergestalt – (2) einen wichtigen Fundamentalbaustein des Werdens meines eigenen wissenschaftlichen Werkes selbstanalytisch besser verstehen kann. Indem ich also etwas für Dritte als die Anderen leiste, bin ich im Schreiben epistemisch für mich selbst wirksam. Das erneute Lesen[40] von Adolf Portmann war somit auch

37 Kugler R (1967) Philosophische Aspekte der Biologie Adolf Portmanns. Exitio Academica, EVZ-Verlag Zürich.

38 Vgl. in Nünning A (Hrsg) (2004) Grundbegriffe der Literaturtheorie. Metzler, Stuttgart/Weimar.

39 Angehrn E (2017) Sein Leben schreiben. Wege der Erinnerung. Klostermann, Frankfurt am Main.

40 Huber F (2008) Durch Lesen sich selbst verstehen. Zum Verhältnis von Literatur und Identitätsbildung, transcript, Bielefeld.

ein Weg des besseren Selbstverstehens[41], dieses jedoch für mich selbst allein, nicht in einem dialogischen Verfahren in einer Gruppe.[42]

Für die augenblickliche Anthropozän-Debatte ist die Lektüre von Adolf Portmann eine ertragreiche Erinnerungsarbeit. Dabei wird man aber erkennen müssen, dass diese kritische – tatsächlich (nicht nur, weil Adolf Portmann ein freiheitsliebender ethischer Sozialist war) an die Kritische Theorie[43] erinnernde – Kulturdiagnostik eine dritte Stufe im Selbstwachstumsprozess des Werkes von Adolf Portmann darstellt: Sie erwuchs aus der Gestalt der beiden vorgängigen Wachstumsringe heraus. Hier ist als erste Stufe der Werkwachstumsentwicklung das neue Bild der Biologie zu nennen und als zweite Stufe die endogen aus seiner Zoologie und dabei zugleich diese Zoologie überschreitende Kristallisation einer Anthropologie[44], die die „Sonderstellung des Menschen“ herausstellte,[45] die zugleich jedoch den Menschen weiterhin als Naturwesen – allerdings mit Geist – verstand. Die Dialektik von Einheit (Natur) und relativer Differenz (Kultur) muss verstanden werden. Relativ ist die Differenz, weil es sich um eine Differenz in der Einheit handelt: Der Mensch ist ein Naturwesen mit Geist: „ist … mit“.

„Ich lebe mein Leben in wachsenden Ringen,
die sich über die Dinge ziehn.
Ich werde den letzten vielleicht nicht vollbringen,
aber versuchen will ich ihn.“

So lauten die ersten vier Verse der ersten Strophe des zweistrophigen Gedichts „Ich lebe mein Leben in wachsenden Ringen“ (1899) aus dem „Stundenbuch“ von Rainer Maria Rilke. Das Reimschema ist abab cdcd. Es handelt sich hierbei folglich um Kreuzreime. Es geht in der Ich- und Mich-Perspektive um die Existenz des lyrischen Ichs und dessen Einzelschicksal.

41 Vgl. in Wellek A (1966) Die Polarität im Aufbau des Charakters. System der konkreten Charakterkunde. 3., neubearb. u. wesentl. erw. Auflage. Francke, Bern.

42 Burkart Th, Kleining G & Witt H (Hrsg) (2010) Dialogische Introspektion: Ein gruppengestütztes Verfahren zur Erforschung des Erlebens. VS, Wiesbaden.

43 Wiggershaus R (1988) Die Frankfurter Schule. Geschichte, Theoretische Entwicklung, Politische Bedeutung. dtv, München. Vgl. ferner Bittlingmayer U H, Demirovi A & Freytag T (Hrsg) (2019) Handbuch Kritische Theorie. Springer VS, Wiesbaden.

44 Kugler R (1967) Philosophische Aspekte der Biologie Adolf Portmanns. Exitio Academica, EVZ-Verlag Zürich: S. 43 ff.

45 Vgl. auch Bayertz K (2014) Eine Geschichte des anthropologischen Denkens. Beck, München.

Ich will hier nicht in den üblichen Bahnen Rainer Maria Rilke[46] in Bezug auf seine Gottesvorstellung[47] bzw. in Hinsicht auf eine pantheistische Naturfrömmigkeit diskutieren, sondern den Blick auf das Thema des Selbstwerdung im Alterungsprozess[48] als stufenförmige Reifung lenken,[49] denn dies wäre ein Paradigma, wie die Erkenntnisinteressen der vorliegenden Abhandlung geordnet werden können.

Der neuerdings diskutierte Beitrag von Adolf Portmann zur Biosemiotik, auf die ich ebenfalls eingehe, ist einerseits von eigenständiger Bedeutung, ist jedoch andererseits im Lichte meiner eigenen Erkenntnisinteressen dennoch bzw. wiederum nur ein integrierter Teil des Gesamtwerkes, weil diese semiotische Naturhermeneutik[50] auf jene Innerlichkeit verweist, die mit der Idee des Geistes in der Ausdrucksgestaltung des Lebens eng zusammenhängt.

Der (vielleicht nicht unbedingt quantitative, wohl aber als Kern im qualitativen Sinne erkennbare) Schwerpunkt meiner Ausführungen, die alle drei Wachstumsringe des Lebenswerkes von Adolf Portmann als kohärente „Endokosmogenese“ – definiert als ein Werden (Genese) aus einer inneren (Endo) Ordnung (Kosmo) heraus[51] – verstehen und erläutern sollen, besteht in der Theorie der Besonderheiten der menschlichen Ontogenese, die sich als anthropologische Fundierung einer entwicklungspsychologisch interessierten Theorie der interdiszplinären Analyse der Vergesellschaftung[52]

46 Engel M (Hrsg) (2013) Rilke-Handbuch. Leben – Werk – Wirkung. Metzler, Stuttgart/Weimar.

47 Fischer N (Hrsg) (2014) „Gott“ in der Dichtung Rainer Maria Rilkes. Meiner, Hamburg sowie Schiwy G (2006) Rilke und die Religion. Insel Verlag, Leipzig. Vgl. auch als die vielleicht achtsamste Annäherung an Rilke: Guardini R (2022) Rainer Maria Rilkes Deutung des Daseins. Eine Interpretation der Duineser Elegien. 6. Aufl. Matthias-Grünewald, Mainz. Aber auch Gloy K (2020) Philosophie zwischen Dichtung und Wissenschaft anhand von Rainer Maria Rilkes „Duineser Elegien“. Königshausen & Neumann, Würzburg.

48 Kruse A (2023) Leben in wachsenden Ringen. Sinnerfülltes Alter. Kohlhammer, Stuttgart.

49 Vgl. dazu auch Brandtstädter J (2015) Positive Entwicklung. 2. Aufl. Springer, Berlin.

50 Portmann A (1965) Aufbruch der Lebensforschung. Rhein-Verlag, Zürich: S. 58 ff.

51 Gewisse ähnliche Ideen sind zu finden bei Sheldrake R (2008) Das schöpferische Universum. Die Theorie der morphogenetischen Felder und der morphischen Resonanz. 5. Aufl. Nymphenburger, München.

52 Geulen D (1977) Das vergesellschaftete Subjekt. Zur Grundlegung der Sozialisationstheorie. Suhrkamp, Frankfurt am Main.

des Menschen in seinem Lebenszyklus[53] und in seiner Einbettung in die geschichtliche Zeit und in den soziokulturellen Raum (also in eine Zeit-Raum-Sozialwelt) erweisen wird. Die Ontogenese, die mit der Ei-Befruchtung[54] und der pränatalen Phase[55] und der Geburt[56] beginnt, ist ein lebenslanger Prozess der Selbstveränderung. Gestalttheoretisch[57] ausgedrückt: ein Prozess der Metamorphosen, wie wir sie als Idee der Verwandlungen seit Ovid[58] kennen.[59] Übersetzen wir diese Idee: Wie verändern sich die Menschen über alle Altersklassen[60] (mit ihren jeweils spezifischen Entwicklungsaufgaben[61]) im Zusammenspiel von Merkkreis und Wirkkreis im Zyklus des Lebens als Bewältigung des Daseins hinweg? Immer ist es ein Entwicklungsprozess, der den Menschen als Naturwesen mit einer inneren, auf Performanz zielenden generativen Aufstellung, eingestellt in einer Raum-Zeit-Sozialwelt mit seiner Position in der Sozialstruktur (als „Sitz im

---

53 Schulz-Nieswandt F, Köstler U & Mann K (2022) Gestaltwerdung als Gelingen der Daseinsführung im Lebenszyklus. Das Erkenntnisinteresse der Kritischen Wissenschaft von der „gerontologischen Sozialpolitik". Nomos, Baden-Baden.

54 Portmann A (1965) Aufbruch der Lebensforschung. Rhein-Verlag, Zürich: S. 25. Allgemeiner: Zankl H (2001) Von der Keimzelle zum Individuum. Biologie der Schwangerschaft. Beck, München.

55 Janus L (2000) Die Psychoanalyse der vorgeburtlichen Lebenszeit und der Geburt. Psychosozial-Verlag, Gießen. Vgl. ferner Arni C (2018) Pränatale Zeiten. Das Ungeborene und die Humanwissenschaften (1800–1950). Schwabe, Basel.

56 Zur Geburt und ihrer Kultur sozialer Praktiken liegen seit einigen Jahren mehrere interessante kulturwissenschaftliche Studien vor.

57 Aber die Idee der Gestalt sollte nicht auf eine kognitive Psychologie reduziert werden. Vgl. auch Müller R u. a. (Hrsg) (2022) Morphologie als Paradigma in den Wissenschaften. frommann-holzboog, Stuttgart sowie Axer E, Geulen E & Heimes A (2021) Aus dem Leben der Form. Studien zum Nachleben von Goethes Morphologie in der Theoriebildung des 20. Jahrhunderts. Wallstein, Göttingen.

58 Holzberg N (2017) Ovid. Dichter und Werk. 4. Aufl. Beck, München.

59 Man dürfte hierbei das Nachwirken von Ovid bis heute nicht unterschätzen. Vgl. Möller M (Hrsg) (2021) Ovid-Handbuch. Leben – Werk – Wirkung. Metzler in Springer, Berlin.

60 Der Begriff geht zurück auf Schurtz H (1902) Altersklassen und Männerbünde: Eine Darstellung der Grundformen der Gesellschaft. Reimer, Berlin. Heute versteht man darunter die wohlfahrtsstaatspolitische Strukturierung des Lebenslaufs als Institutionalisierungseffekt: Kohli M (1985) Die Institutionalisierung des Lebenslaufs: Historische Befunde und theoretische Argumente. Kölner Zeitschrift für Soziologie und Sozialpsychologie 37: S. 1–29.

61 Guardini R (2016) Die Lebensalter. Ihre ethische und pädagogische Bedeutung. Topos plus, Kevelaer.

Leben“[62]) und ihrer Dynamik im Wechselspiel des multidimensionalen und aspektreichen sozialen Wandels, konfrontiert mit den Herausforderungen des Dramas[63] des Alltags[64] als ein dynamischer Prozess verschachtelter Geschichten.[65]

Es ist ein Zusammenspiel (1) der äußeren Natur (Klima, Fauna und Flora, Landschaften[66] etc.) seines ökologischen[67] Kontextes, (2) der inneren Natur des vergesellschafteten Menschen (mit Blick auf seine seelische Tiefenstruktur und seine geistige Formation) und (3) der „zweiten“ Natur des objektiven Geistes seiner Kultur als normativ-rechtliche Ordnungen der Wirtschaft, der Generationen, der Zeitstrukturen, der Geschlechter, der privaten Lebensformen, des Raums und der Mobilität, des Wohnens und der Siedlungsstruktur, der politischen Verfasstheit, der ästhetischen Konzeptionen, der spirituellen bzw. mythischen und religiösen Welt bzw. der kosmischen Strukturen usw.

Wenn es hier so aussieht, als ob der Mensch als ein „Kulturwesen“ modelliert wird, so ist dies richtig und falsch zugleich, je nach Verständnis. Denn ein reiner Kulturalismus[68] in dualer Positionierung gegenüber der Natur als ein „ganz Anderes“ liegt nicht vor. Es gehört zur biologischen Konstitution des Menschen, dass seine Welt eine Kulturwelt mit einer Gewebestruktur hochgradig interpenetrativer Subsysteme (Wirtschaft/Recht, Kultur, Sozialstruktur, Person im Kontext von Klima, Natur, Raum und

---

62 Wagner A (1996) Gattung und „Sitz im Leben“. Zur Bedeutung der formgeschichtlichen Arbeit Hermann Gunkels (1862–1932) für das Verstehen der sprachlichen Größe „Text“. In Michaelis S & Tophinke D (Hrsg) Texte – Konstitution, Verarbeitung, Typik LINCOM Europa, München u. a.: S. 117–129.

63 Goffman E (2003) Wir alle spielen Theater. Die Selbstdarstellung im Alltag. 10. Aufl. Piper, München.

64 Heller A (1981) Das Alltagsleben. Versuch einer Erklärung der individuellen Reproduktion. 2. Aufl. Suhrkamp, Frankfurt am Main sowie Lefebvre H (1972) Das Alltagsleben in der modernen Welt. Suhrkamp, Frankfurt am Main und Lefebvre H (1987) Kritik des Alltagslebens. Grundrisse einer Soziologie der Alltäglichkeit. Suhrkamp, Frankfurt am Main.

65 Schapp W (2012) In Geschichten verstrickt. Zum Sein von Ding und Mensch. Hamburg, 5. Aufl. Klostermann, Frankfurt am Main. Vgl. ferner Scharfenberg St (2009) Narrative Identität im Horizont der Zeitlichkeit. Zu Paul Ricœurs „Zeit und Erzählung“. Königshausen & Neumann, Würzburg.

66 Hier liegt eine objektive Natur vor, auch dann, wenn sie symbolisch verarbeitet wird: Kirchhoff Th & Trepl L (Hrsg) (2015) Vieldeutige Natur. Landschaft, Wildnis und Ökosystem als kulturgeschichtliche Phänomene. transcript, Bielefeld.

67 Begon M, Howarth R W & Townsend C R (2017) Ökologie. 3. Aufl. Springer, Berlin.

68 Gemeint ist die Überbetonung der Rolle der Kultur gegenüber anderen Faktoren.

Zeit) ist, wobei der Mensch immer ein Naturwesen (mit Geist) bleibt. Der Mensch ist nun als Kulturwesen jedoch zugleich höchst flexibel im Sinne einer Plastizität der Formen, kann sich selbst verändern und seine Umwelt verändern, beide Seiten des Transaktionalordnung entweder zur kumulativ-zirkulären destruktiven Konfrontation oder auch zur harmonischen (equilibrativen) Passungsoptimalität treiben bzw. führen, dabei viele Zwischenformen der Schattierungen des Gelingens und Scheiterns[69] der Sinn-bezogenen Daseinsbewältigung einnehmend und durchlaufend.

Dabei gibt unsere DNA – man denke an die genetische Disposition von Alzheimer-Demenz[70] (deren Prävalenz jedoch auch von dem Erreichen der Hochaltrigkeit abhängt, die wiederum eine biologische Möglichkeit und zugleich eine Lebensstandard-bezogene Zivilisationsabhängigkeit aufweist) und an die genetischen Defekte für Krebsentwicklungen[71], aber eben auch umgekehrt an die biologischen Auswirkungen der Ernährungsweisen, die ja als Konsummuster[72] (und Tischgemeinschaften[73]) soziokulturell im zeitgeschichtlichen oder gar epochalen Kontext der Geschichtlichkeit des Menschen codiert sind[74] – eine von seiner kulturellen Aktualisierung abhängige Strukturation vor. Die Formen der psychischen Verarbeitung von Entwicklungs- und Bewältigungsstress können somatische Auswirkungen haben. Spritualität kann eine resiliente[75] Ressource in diesen Funktionskreisen sein.

Die Demenz fungiert hier nur epistemisch als ein paradigmatisches Beispiel. Als funktionelle Hirnleistungsstörung ist die Demenz ein biologisches Phänomen, in der vaskulären Form, sofern diese nosologisch wirklich gut differentiell zu fassen ist, aber in seiner Eintrittswahrscheinlichkeit auch

69 Lutz J (2023) Bildung zum Selbstwerden. Scheitern als Bildungsanlass bei Karl Jaspers. Königshausen & Neumann, Würzburg.

70 Jessen F (Hrsg) (2018) Handbuch Alzheimer-Krankheit. Grundlagen – Diagnostik – Therapie – Versorgung – Prävention. De Gruyter, Berlin.

71 Mukherjee S (2022) Der König aller Krankheiten. Krebs – eine Biographie. Ullstein, Berlin.

72 Bögenhold D (2016) Konsum: Reflexionen über einen multidisziplinären Prozess. Springer VS, Wiesbaden.

73 Schulz-Nieswandt F & Moldenhauer J (2023) Tischgenossenschaft und Genossenschaft der Tische. Eine kleine Morphologie der Miteinander-Gabe und der Für-Gabe für Andere als Formen sozialer Beziehungen. LIT, Berlin u. a.

74 Reitmeier S (2013) Warum wir mögen, was wir essen. Eine Studie zur Sozialisation der Ernährung. transcript, Bielefeld.

75 Kritisch dazu: Graefe St (2019) Resilienz im Krisenkapitalismus. Wider das Lob der Anpassungsfähigkeit. transcript, Bielefeld.

im Lebenslauf vom Lebensstil[76] abhängig, als Alzheimer-Variante aber auch nicht nur ein rein biologisches Phänomen, wenn es um seine Integration in das Leben als soziales Miteinander betrachtet wird.[77] Dann geht es auch entweder um Formen der exkludierenden Dämonisierung als Praxis der Diskriminierung aus der apotropäischen[78] Hygieneangst[79] heraus oder um die humangerechte Praxis der inklusiven Akzeptanz aus der Haltung respektvoller Achtung der Würde des betroffenen Menschen heraus.[80]

---

76 Wahl A (2003) Die Veränderung von Lebensstilen. Generationenfolge, Lebenslauf und sozialer Wandel. Campus, Frankfurt am Main/New York.

77 Klie Th (2021) Recht auf Demenz. Ein Plädoyer. S. Hirzel Verlag, Stuttgart.

78 Die charakterliche Neurose einer krankhaft verstiegenen Reinheitsvorstellung und eines entsprechenden Ekels vor Unreinheit ist der Schlüssel zur Auflärung des Mordes in Yokomizo S (2022) Die rätselhaften Honjin-Morde. 2. Aufl. Blumenbar in Aufbau Verlage, Berlin.

79 Schulz-Nieswandt F (2021) Der Mensch als Keimträger. Hygieneangst und Hospitalisierung des normalen Wohnens im Pflegeheim. Bielefeld: transcript und Schulz-Nieswandt F (2021) Der alte Mensch als Verschlusssache. Corona und die Verdichtung der Kasernierung in Pflegeheimen. transcript, Bielefeld.

80 Schnabel M (2018) Macht und Subjektivierung. Eine Diskursanalyse am Beispiel der Demenzdebatte. Springer, Berlin sowie Brandenburg H (Hrsg) (2023) Pflegehabitus in der stationären Langzeitpflege von Menschen mit Demenz. Personzentrierte Pflegebeziehungen nachhaltig gestalten. Kohlhammer, Stuttgart.

I. Zugangspfade zum Thema

Nach den bereits quasi einleitenden Vorbemerkungen zur Motivik der vorliegenden Abhandlung sollen nun einige Zugangspfade zur vorliegenden Abhandlung erläutert werden.

„Die Biologie Adolf Portmanns (1897–1982) gilt wissenschaftsgeschichtlich als einer der eigenwilligsten Entwürfe seines Faches im 20. Jahrhundert.“[81] Warum? Und was bedeutet dies? Mitunter wurden ihm gegenüber kritische Nachfragen zu seinem Wissenschaftsverständnis[82] gestellt.

1. Humanisierung der Natur?

Humanisiert, was als Forschungsprogramm nicht falsch wäre,[83] jedoch nicht identisch ist mit Anthropomorphismus[84], esoterischem Spritualismus oder Theologisierung, Adolf Portmann die Natur geistphilosophisch? Im Fall der Theologisierung wäre es dann ein göttlicher Geist, der in dem Allzusammenhang waltet. Das Zusammenspiel mit der geschichtlichen Praxis könnte man sich – mit ernstem Humor – dann wie bei Harry Mulisch[85] vorstellen. Dies ist, wie sich zeigen wird, bei Adolf Portmann nicht, auch nicht in pantheistischer Weise, der Fall.

Diese Überlegung zur Humanisierung bezieht sich auf Adolf Portmanns Idee, das Ausdrucksverhalten (im Sinne einer Eidetik[86]) nicht nur des

81 Ritter M (2000) Die Biologie Adolf Portmanns in zeitgeschichtlichem Kontext. Basler Zeitschrift für Geschichte und Altertumskunde 100: S. 207–254.

82 Wahlert G von (1972) Adolf Portmann. Versuch einer Würdigung. Reinhardt, Basel: S. 11.

83 Wahlert G von (1972) Adolf Portmann. Versuch einer Würdigung. Reinhardt, Basel: S. 56.

84 Kritisch dazu: Portmann A (1965) Aufbruch der Lebensforschung. Rhein-Verlag, Zürich: S. 187.

85 Mulisch H (1995) Die Entdeckung des Himmels. 34. Aufl. Rowohlt, Reinbek bei Hamburg.

86 Kugler R (1967) Philosophische Aspekte der Biologie Adolf Portmanns. Exitio Academica, EVZ-Verlag Zürich: S. 117 ff.

menschlichen Lebewesens[87] einer semiotischen[88] Hermeneutik[89] zu unterziehen, sondern auch die nicht menschliche „Tiergestalt" hinsichtlich einer solchen Performativität[90] der inneren Tiefe des Lebens zu befragen. Immer gäbe es bei allen lebendigen Gebilden eine Innerlichkeit, aber nicht immer mit Geist. Dies sei dem Menschen vorbehalten. Damit ist die Möglichkeit einer daseinswahren Progression der menschlichen Gattung verbunden, aber auch jede Form von Abgründigkeit: „Die Erfahrungen der letzten Jahrzehnte über die Macht der Dämonie in unserem Leben, über die Bedrohung durch den unbeschränkten Verstand – all diese entsetzlichen

---

87 Vgl. dazu auch die anthropologisch fundierte Tradition personaler Psychologie z. B. bei Lersch Ph (1932) Gesicht und Seele. Grundlinien einer mimischen Diagnostik. Reinhardt, München. In der Philosophie ist auf Karl Jaspers zu verweisen. Vgl. in Jaspers K (1973) Allgemeine Psychopathologie. 9. Aufl. Springer, Berlin. In der Entwicklung der Psychosomatik wurde die Ausdruckslehre als symbolische Manifestation psychischer Vorgänge interpretiert. Vgl. in Uexküll Th von (1963) Grundfragen der psychosomatischen Medizin. Rowohlt, Reinbek bei Hamburg. Für die psychodynamisch orientierte Analyse von Ausdrucksverhalten war das Werk von Georg Groddeck bedeutsam: Danzer G (1992) Der wilde Analytiker. Georg Groddeck und die Entdeckung der Psychosomatik. Kösel, München. Vgl. aber auch Martynkewicz W (1997) Georg Groddeck. Eine Biographie. Fischer, Frankfurt am Main sowie Steffen Häfner St (1994) Georg Groddeck – Vater der Psychosomatik. Zeitschrift für Psychosomatische Medizin und Psychoanalyse 40: S. 249–265. Aktuell muss auf die Neue Phänomenologie (und auch auf neophänomenologische Strömungen in der Soziologie) verweisen werden. Vgl. als von zentraler Bedeutung: Schmitz H (2009) Kurze Einführung in die Neue Phänomenologie. Alber, Freiburg i. Br./München.

88 Ette O (1998) Roland Barthes. Eine intellektuelle Biographie. Suhrkamp, Frankfurt am Main: S. 199 ff.

89 Jung M (2018) Hermeneutik zur Einführung. 5. Aufl. Junius, Hamburg.

90 Die Begrifflichkeiten von Performativität und Performanz sind in verschiedenen Disziplinen und dort je nach Strömung unterschiedlich im Gebrauch. Ich verstehe den Zusammenhang so: Performanz ist das Ergebnis einer prozessartigen Praxis der Performativität mittels sozialer Praktiken. Dabei ist diese generative Kraft wiederum durch eine tiefer verankerte Generativität bedingt, denn es muss ein Skript drehbuchartig infolge der Einschreibungen der Kultur im Modus der Subjektformation geben, der die sozialen Praktiken der durchaus kreativen Rollenspieler auf der Bühne ihrer Inszenierungen kodiert. Hier ist der poststrukturale Gedanke der De-Zentrierung des Subjekts als interaktives Objekt der Subjektivierung im Kontext gouvernementaler Dispositiv-Ordnungen habituell eingebaut, aber auch die ältere strukturale Idee der generativen Tiefengrammatik und ebenso eine praxeologische Sicht auf die in theaterwissenschaftlicher Metaphorik denkende ethnomethodologische, symbolisch-interaktive, pragmatische Soziologie der alltäglichen sozialen Konstruktion von Wirklichkeit, die sich daher semiotisch entschlüsseln (rekonstruieren) lassen kann. Damit ist der ontologische Doppelcharakter – darauf komme ich nochmals zurück – des Formprinzips gewahrt: Form ist *uno actu* passiver Ausdruck und generative Kraft zugleich.

Erfahrungen schaffen mit an der Bereitschaft, vom Menschen im Bösen wie im Guten umfassender zu denken, die dunklen Seiten des Menschseins nicht zu vergessen, sondern im tiefen Ernst um sie zu wissen."[91]

Zwischen der schöpferischen Gabe einerseits und der Zerstörungskraft andererseits ist der Möglichkeitsraum des Daseins des Menschen aufgespannt. Es kann nahe des Poles der Liebe des *homo donans* oder nahe des Poles des destruktiven Hasses des *homo abyssus* seine Existenz führen. Diese Polung geht mit einer Reihe weiterer binärer Codes komplexe Kombinatoriken ein, die mit Identität und Alterität, Ego und Alter Ego, Angst und Vertrauen, Offenheit und Verschlossenheit, Nähe und Distanz etc. zu tun haben. So entsteht eine Grammatik der Kultur formaler Gesellungen des sozialen Miteinanders bzw. des Gegeneinanders oder des Nebeneinanders.

Die radikale Kritik des Postmodernismus trifft nicht diese große Erzählung einer Anthropologie der modallogischen Vision im Modus der Hoffnung, da hier keine automatische Entelechie im deterministischen Sinne erzählt wird. War Adolf Portmann deutlicher, aber zugleich pädagogischsanfter Kritiker des prometheischen Wahns einer technischen Zivilisation der Manipulation der Biosphäre[92] und dabei auch des Über[93]-Menschen[94], mit dieser Idee eines möglichen kulturellen Fortschritts ein verspinnerter Schreibtischtäter der Metaphysik, die den empirischen Positivismus der modernen Biologie untergraben hat? Derartige Positionen der Abwertung und Geringschätzung gab es. Insgesamt ist der Ruhm von Adolf Portmann[95], auch indiziert über seine öffentliche Wirksamkeit, nicht infrage zu stellen. Natürlich ist die Forschung weitergegangen. Aber er ist ein bahnbrechender Pionier der wegweisenden paradigmatischen Richtung gewesen. Und einige Theoreme (die „Portmann-Phänomene") sind in die Lehrbücher und Handbücher eingegangen. Sie werden terminologisch heute (eventuell auch ohne explizite Erinnerung an Adolf Portmann) anders gefasst, aber der Bedeutungssinn ist in seiner Forschung in fundamentaler Weise konstituiert worden.

---

91 Portmann A (1973) Vom Lebendigen. Suhrkamp, Frankfurt am Main: S. 166.

92 Lemke Th (2016) Biopolitik zur Einführung. Junius, Hamburg.

93 Puzio A (2022) Über-Menschen. Philosophische Auseinandersetzung mit der Anthropologie des Transhumanismus. transcript, Bielefeld.

94 Vgl. „Der Mensch im Bereich der Planung" in Portmann A (1973) Vom Lebendigen. Suhrkamp, Frankfurt am Main: S. 111 ff.

95 Er ist auch rezipiert in Grene M (1974) The understanding of nature. Essays in the philosophy of biology. D. Reidel, Dordrecht.

Die angedeuteten, mitunter etwas bösartig anmutenden Kontroversen sind ja nicht untypisch für die agonale Welt der Alpha-Tierchen in den heiligen Hallen auf dem universitären Olymp. Doch handelt es sich nicht – angesichts der erheblichen Charakterneurosendichte in der Universität (dort, wo es „um Geltung und Anerkennung", aber auch ein „Ringen der Völker um Vorrang", ja um „Herrschaft" geht[96]) – nur um narzisstische Verstiegenheiten, sondern um paradigmatische Kämpfe, in denen divergente Weltbilder in den Diskursordnungen und Akteurs-Aufstellungen in den epistemischen Räumen – eben auch ideologische Kämpfe – ausgetragen werden. In diese Strukturlandschaft gravieren sich zudem die „Schranken" ein, „welche die alten Fakultäten der Hochschulen errichtet haben".[97]

Doch zurück zur Idee einer semiotischen Hermeneutik der Ausdrucksgestalten der Natur, zu denen dann – im transgressiven Wechsel (zwischen Kontinuität, hybriden Schnittflächen und substanzieller Differenz) von der Zoologie zur Anthropologie – ja auch der Mensch als Naturwesen, allerdings, was uns konstitutiv beschäftigen wird, mit Geist, gehört. Kann es in der Folge eine Bedeutungsanalyse der Natur[98] geben? Die Frage kann (1) nur mit Blick auf die Formenvielfalt und Entwicklungsstufenlehre der Natur und (2) mit Blick auf die Beziehung zwischen Sinn und Geist geklärt werden: Jeder Geist ist ein Bedeutungssinngebilde, aber nicht jeder Bedeutungssinn ist Geist. Die Relation ist mit Blick auf die Umkehrung also nicht eineindeutig. Die Mimikry bestimmter Lebewesen hat Sinnfunktionen, aber die Maskerade[99] des menschlichen Spiels hat einen ganz anderen Geist der Sinnproduktion und der performativen Praxis zur Grundlage. Welche Tierart führt in ihrer Polis eine Tragödie auf, die ein Stück kollektiver Selbsterziehung ist und den für den Mythos typischen Sachverhalt des schuldlos schuldigen Helden[100] nicht nur artifiziell inszeniert, sondern mit Blick auf die Rolle des Schicksals (personifiziert in der Macht des

96 Portmann A (1965) Aufbruch der Lebensforschung. Rhein-Verlag, Zürich: S. 7.

97 Portmann A (1973) Vom Lebendigen. Suhrkamp, Frankfurt am Main: S. 267 (im Nachwort).

98 Weber A (2003) Natur als Bedeutung. Versuch einer semiotischen Ästhetik des Lebendigen. Königshausen & Neumann, Würzburg.

99 Vgl. u. a. Weihe R (2004) Die Paradoxie der Maske. Geschichte einer Form. Fink, München. Ferner Belting H (2013) Faces – Eine Geschichte des Gesichts. Beck, München.

100 Schadewaldt W (1991) Tübinger Vorlesungen Band 4. Die griechische Tragödie. Aischylos. Sophokles. Euripides. 6. Aufl. Suhrkamp, Frankfurt am Main.

Götterapparates) und mit epistemischem Blick auf den Spielraum[101] des (werdenden) Subjekts[102] variiert in der Stufenentwicklung von Aischylos[103] über Sophokles[104] und Euripides[105]? Wenn heute das Wesen der Maske[106] nicht mehr sozialontologisch (wo und wie anders als in Rollen[107] kann sich der Mensch denn überhaupt „individuieren") verstanden wird, sondern unter dem modernen/postmodernen Aspekt der Authentizität (auch – ein schwieriges Thema – Walter Benjamins Aura-Begriff [im „Zeitalter der technischen Reproduzierbarkeit"] wirft solche Fragen auf), dann drückt diese perspektivische[108] Aspektverschiebung und somit ideelle Sinnverschiebung genau die Kraft dieser Geist-Verfassung des Menschen aus. Die Tiere diskutieren nicht die Authentizität (oder Verlogenheit) ihrer Mimikry, sie diskutieren auch keine Farbenpsychologie, weil sie weder Goethe noch Hesse gelesen und in einer Kunstakademie diskutiert haben. Und die Tiere reflektieren nicht wie Theodor W. Adorno, wie ein wahres Leben und eine unwahre Welt und wie nach Auschwitz noch Poesie – eine Frage, die er später differenzierter und daher etwas hoffnungsvoller reformuliert hat – möglich sein soll? Die Tiere kennen nicht die Suche nach dem Guten, Schönen, Wahren. Alles nur Epi-Phänomene eines Gehirns als reine Natur ohne Geist, der erst in der Wechselwirkung mit der Raum-Zeit-Sozialwelt des Menschen sich entfaltet?

Wie steht es also um das Wesen des Geistes in der Daseinsform des Menschen? Er ist ein Kulturwesen, aber eben als Naturwesen mit Geist. Und Geist ist in seinen symbolischen Ausdrucksgestalten „Sinn-haft" re-

---

101 Seel M (2014) Aktive Passivität. Über den Spielraum des Denkens, Handelns und anderer Künste. S. Fischer, Frankfurt am Main.

102 Dies ist klassisches Thema der Homer-Forschung. Vgl. aber auch Jacob L (2023) Wir Ägypter! Ich-Setzung und Selbsttranszendenz im Alten Reich. Königshausen & Neumann, Würzburg.

103 Föllinger S (2009) Aischylos. Meister der griechischen Tragödie. Beck, München.

104 Flashar H (2010) Sophokles. Dichter im demokratischen Athen, 2. Aufl. Beck, München.

105 Hose M (2008) Euripides. Der Dichter der Leidenschaften. Beck, München.

106 Dazu auch in Schulz-Nieswandt F (2021) Gemeinwirtschaft. Grundriss einer Morphologie der dualen Wirtschaft. In memoriam Theo Thiemeyer (1929–1991). Duncker & Humblot, Berlin. Auch schon in Schulz-Nieswandt F (2010) Wandel der Medizinkultur? Duncker & Humblot, Berlin: S. 117 ff.

107 Dazu in Joas H & Knöbl W (2004) Sozialtheorie. Zwanzig einführende Vorlesungen. Suhrkamp, Frankfurt am Main.

108 Asmuth Chr & Landenne Q (Hrsg) (2018) Perspektivität als Grundstruktur der Erkenntnis. Philosophiegeschichtliche und systematische Aspekte. Königshausen & Neumann, Würzburg.

konstruktiv zu verstehen. Dieses Thema der Semiotik in der Verhaltensforschung der Natur habe ich in ihrer Prägnanz entdeckt, als ich mich im Zuge der vorliegenden Abhandlung intensiver mit dem Werk von Adolf Portmann und der diesbezüglichen, vor allem auch neueren Sekundärliteratur beschäftigt habe. Dazu habe und konnte ich gar nicht das ganze Werk von Adolf Portmann und alle diesbezüglichen verzweigten Entwicklungszusammenhänge als Gewebestruktur von Verästelungen einerseits und Verstrickungen andererseits in der Literatur- und Quellenaufarbeitung berücksichtigen. Ich lege einen Essay vor, der für mich, aber natürlich auch in der Sache liegend, gute Gründe der Anfertigung und Ausarbeitung hat. Aber ich bin ja in der glücklichen Lage, hier keine Qualifikationsarbeit (z. B. eine Dissertation) vorlegen zu müssen, was sicherlich eine andere, auch auf den Umfang wirksame Werkgestalt in erforderlicher Weise induziert hätte. Ich konnte demnach also nicht allen Dimensionen und Aspekten, nicht allen Beziehungen, nicht allen genannten Positionen, Figuren, Namen nachgehen. Ich vermute jedoch mit einer gewissen Überzeugung, die Arbeit wäre damit sicherlich gelehrter geworden (was bei mir bedeutet, dass die Zahl der Fußnoten und die Länge der Literaturliste überproportional im Verhältnis zum Text und exponentiell zur Seitenzahl der Abhandlung ansteigt), doch im Kern ging es mir um Fragen und Erkenntnisinteressen, die auch mit den vorliegenden Ausführungen hinreichend auf den Punkt – wenngleich nicht in voller Transparenz intersubjektiver Verständigung – gebracht werden können.

Dabei kann ich zum Kern der zoologischen[109] Forschungen (als erster Wachstumsring des Werkes von Adolf Portmann) kaum etwas beitragen, wohl aber (1) in einem zweiten Wachstumsring zu der aus dieser heraus generierten „basalen" Theorie als vergesellschaftungstheoretisch bedeutsamen Beitrag zur Philosophischen Anthropologie[110] der *conditio humana* und sodann (2) in einem dritten Wachstumsring zu der daraus wieder emergierenden kulturkritischen Diagnostik, die a) in der gegenwärtigen trans- und post-humanistischen Anthropozän-Debatte und b) im Lichte der Tradition Kritischer Theorie und einer Geschichtsphilosophie der konkreten Utopie des Noch-Nicht von hoher Aktualität und Relevanz ist.

---

109 Mitunter hat sich Adolf Portmann auch mit der Flora beschäftigt. Vgl. auch Portmann A (1976) An den Grenzen des Wissens. Vom Beitrag der Biologie zu einem neuen Weltbild. Fischer, Frankfurt am Main: S. 75 f.

110 Kugler R (1967) Philosophische Aspekte der Biologie Adolf Portmanns. Exitio Academica, EVZ-Verlag Zürich: S. 72 ff.

In allen drei Phasen der Werk- und Wirkungsgeschichte von Adolf Portmann schlägt seine achtsame, ausgeglichene Persönlichkeitsstruktur habituell durch: Ohne diskursive Gewalttätigkeit einer Dogmatik, die eine spezifische (hegemoniale) Ordnung des entsprechenden Diskurses prägt, sondern in aller nachdenklicher, entwicklungsoffener Art und in einer Haltung der mahnenden Deutlichkeit, hat Adolf Portmann die individuelle wie kollektive (kooperative) Verantwortung der Menschen für ihr Dasein in ihrer selbst gemachten Geschichte erkannt, verstanden und verspürt, ohne zugleich die Souveränität der Gelassenheit und Heiterkeit in der Lebensführung zu verlieren. Seine Kraft schöpfte er aus seiner glücklichen Kindheit und aus seiner Liebe zur geliebten Natur, die er immer ästhetisch erfahren und in seiner künstlerischen Neigung[111] zum Ausdruck brachte. Adolf Portmann schrieb: „Ich blicke zurück in jene Zeit vor dem Ersten Weltkrieg, in eine Kindheit, die wohl viel Sorge und Not kannte, aber dafür auch das große Glück der Geborgenheit zu Hause."[112] Für Adolf Portmann war die Entdeckung der Liebe zur Natur „Aufbruch", sodann „Vorstoß zu neuen Ufern", aber schließlich auch eine Welt als „neue Aufgabe".

Der Zugang zu diesem zentralen Aspekt des Werkes von Adolf Portmann fällt mir relativ leicht, weil ich mich (1) selbst in der epistemologischen Fundierung qualitativer Sozialforschung mit Phänomenologie, Hermeneutik, Semiotik und Strukturalismus sowie (2) in der sozialontologischen Fundierung der Sozialtheorie mit dem Formproblem in der geschichtlichen Dynamik und (3) mit Metaphysik in der naturrechtlichen Fundierung der Rechtsphilosophie und Ethik der Personalität des Menschen beschäftigt habe.

Vor allem haben mich (4) die anthropologischen Voraussetzungen des Erziehungs- und Sozialisationsgeschehens immer als Schlüsselfrage des Schicksals der Kulturentwicklung des sozialen Miteinanders nachhaltig interessiert. Der Fokus lag dabei – wie bei Adolf Portmann – auf den frühen formativen Jahren des Aufwachsens als ein Werden der menschlichen Person. Weniger die orthodoxe Psychoanalyse, sondern eher psycho-

---

111 Portmann A (1976) An den Grenzen des Wissens. Vom Beitrag der Biologie zu einem neuen Weltbild. Fischer, Frankfurt am Main: S. 87 ff. Dazu auch Kugler R (1967) Philosophische Aspekte der Biologie Adolf Portmanns. Exitio Academica, EVZ-Verlag Zürich: S. 120 f.

112 Portmann A (1976) An den Grenzen des Wissens. Vom Beitrag der Biologie zu einem neuen Weltbild. Fischer, Frankfurt am Main: S. 9.

dynamische[113] Sichtweisen auf die Ontogenese des Menschen faszinierten mich. Obwohl die Sozialisation ein lebenslanger Prozess des von Plastizität gekennzeichneten Menschen darstellt, sind die frühen Konturierungen der menschlichen Persönlichkeit von bahnender Strukturationsqualität für den weiteren Lebenslauf[114]. Positionen der klassischen Kritischen Theorie, denen ich zuneige, haben ihre sozialtheoretischen Überlegungen folglich immer auch an psychoanalytische Tiefenbohrungen im Sozialcharakter gebunden. Daraus erwächst auch eine Kritische Pädagogik[115] der Erziehung zur Mündigkeit[116]. Mag sein, dass gilt: „Was Hänschen nicht lernt, lernt Hans nur noch schwer", so der Titel eines Gruppenreferates im Fachgebiet der Gerontologie an der Kath. FH in Freiburg i. Br., wo ich über viele Jahre auf Bitten meines alten Studienfreundes Hermann Brandenburg Lehraufträge übernahm. Ich will hier nicht auf das weite Feld der Psychologie der Lebensspanne eingehen, wo es um Fragen der Adaption, um Assimilation und Akkommodation im transaktionalen Entwicklungskontext von Person und Umwelt im Lichte aktiven und kompetenten Alterns unter der Berücksichtigung der Kontexte geht. Daraus hat sich auch die Teildisziplin der ökologischen Gerontopsychologie ergeben. Die SOC-Modell-Idee des erfolgreichen Alterns (durch Selection, Optimization und Compensation) hat sich daraus entwickelt, deren Variationen des produktiven Alterns heute jedoch auch von einer Critical Gerontology problematisiert werden.[117]

Ich habe ferner infolge meiner Beschäftigung mit der Rechtsphilosophie und Ethik der personalen Würde als überpositives Recht in den relevanten Rechtsregimen keine Berührungsängste, das nicht kontradiktorische, sondern verbindend-relationale Verhältnis von Metaphysik und Erfahrungswissenschaft als Thema anzuerkennen.[118]

---

113 Mentzos St (2009) Lehrbuch der Psychodynamik. Die Funktion der Dysfunktionalität psychischer Störungen. Vandenhoeck & Ruprecht, Göttingen.

114 Corsten M (2020) Lebenslauf und Sozialisation. Springer VS, Wiesbaden.

115 Bernhard A & Rothermel L (Hrsg) (2001) Handbuch Kritische Pädagogik. 2. Aufl. Beltz in UTB, Weinheim/Basel. Vgl. auch die Neuausgabe von 2018.

116 Adorno Th W (1971) Erziehung zur Mündigkeit. Vorträge und Gespräche mit Hellmut Becker 1959 bis 1969. 28. Aufl. Suhrkamp, Frankfurt am Main.

117 Zum Altern siehe auch Portmann A (1976) An den Grenzen des Wissens. Vom Beitrag der Biologie zu einem neuen Weltbild. Fischer, Frankfurt am Main: S. 123 ff.

118 Vgl. auch Schulz-Nieswandt F (2017) Personalität, Wahrheit, Daseinsvorsorge. Spuren eigentlicher Wirklichkeit des Seins. Königshausen & Neumann, Würzburg; Schulz-Nieswandt F (2016) Inclusion and Local Community Building in the Context of European Social Policy and International Human Social Right. Nomos, Baden-Baden und ferner Heerdt Chr & Schulz-Nieswandt F (2022) Das Grundrecht

Hinzu kommen meine melancholischen[119] Dispositionen der Offenheit für naturphilosophische Landschaftserlebniserfahrungen, die ich in meinen Griechenlandabhandlungen reflektiert habe.[120]

2. Die Sonderstellung des Menschen

Die neuerdings mit Blick auch auf den diesbezüglichen Beitrag von Adolf Portmann diskutierten Fragen einer Biosemiotik haben sich mir also erst später im Laufe meiner wissenschaftlichen Arbeiten erschlossen.

Ausgangspunkt meiner schon lange in meiner Entwicklung verankerten, nun aber neueren, also nochmaligen, aber zugleich viel tiefer greifenden Hinwendung zum Werk von Adolf Portmann waren nun, das sei nochmals betont, vor allem seine Studien zu den evolutionsbiologischen Eigenheiten des Menschen als ein (trotz langer Schwangerschaftszeit) Wesen der physiologischen Frühgeburt mit Blick auf dessen Eigenschaft als sekundärer Nesthocker in Verbindung mit seiner extrauterinen Embryonalphase.[121]

Das Aufwachsen in Familie und weiteren sozialen Settings der „strong ties", wie es die heutige Netzwerkforschung[122] oder die neuere, weniger auf Familie und Verwandtschaft fokussierte Ethnologie[123] der „cultures of relatedness"[124] nennen würden[125] – ist der „soziale Uterus"[126].

---

auf Sozialraumbildung im Lichte des Menschenbildes der „sozialen Freiheit" des bundesdeutschen Grundgesetzes: Lehren aus der Corona-Krise. Sozialer Fortschritt 71 (10): S. 771–789, sowie Schulz-Nieswandt F (2021) Verletzbarkeit und Würde. In Klapper B & Chichon I (Hrsg) Neustart! Für die Zukunft des Gesundheitswesens. MWV, Berlin: S. 345–356.

119 Guardini R (2017) Vom Sinn der Schwermut. 12. Aufl. Topos plus, Kevelaer.

120 Schulz-Nieswandt F (2021) Zur Göttlichkeit griechischer Landschaften. Königshausen & Neumann, Würzburg; Schulz-Nieswandt F (2021) Die Mittelmeerfahrten von Göran Schildt (1917–2009) und seine Daphne. Moderner skandinavischer Blick, Nachkriegsepoche und Griechenlandsehnsucht. Königshausen & Neumann, Würzburg.

121 Dazu vor allem in Portmann A (1956) Zoologie und das neue Bild vom Menschen. Biologische Fragmente zu einer Lehre vom Menschen. 2. Aufl. Rowohlt, Hamburg.

122 Stegbauer Chr & Häußling R (Hrsg) (2011) Handbuch Netzwerkforschung. VS, Wiesbaden.

123 Petermann W (2004) Die Geschichte der Ethnologie. Peter Hammer Verlag, Wuppertal.

124 Dazu auch Schirrmacher F (2009) Minimum. Vom Vergehen und Neuentstehen unserer Gemeinschaft. Blessing, München.

125 Schulz-Nieswandt F u. a. (2009) Generationenbeziehungen. Netzwerke zwischen Gabebereitschaft und Gegenseitigkeitsprinzip. LIT, Berlin u. a.

Dass der Mensch im Rahmen seiner Evolution ein sozialen Wesen ist, ist nicht nur von der christlichen Sozialphilosophie[127] – wie von Hengstenberg[128] – als „Portmann-Phänomene“ positiv aufgenommen worden.[129] Dort sind diese Befunde sodann in der entsprechenden Sozialordnungslehre im Rahmen eines gewissen familiensoziologischen Konservatismus verarbeitet worden. Das ist eine Engführung in der Rezeption. Man benötigt die „strong ties-caring communities“, aber die Variabilität der Sozialgebilde einer formalen Soziologie ist diesbezüglich hochgradig. Es ist eine der großen biologistischen Ideologien, wonach Blut dicker ist als Wasser.

Es geht um Liebe und um Bindung. Natürlich ist diese Erwartung in Eltern-Kind-Beziehungen eintrittswahrscheinlich, doch kennen wir nicht auch die Kindeswohl-erodierenden Familienkonstellationen? Soll oder muss ich hier wirklich die Archive der diesbezüglichen Forschung öffnen? Ich meine nicht das bislang übliche, konservative Deutungsmuster der Metapher der „Rabenmutter“, also die erwerbstätige Frau. Ich meine auch nicht die frühe Baltimore-Bindungsforschung[130], die die Mutter-Kind-Beziehung diskutierte. Diese frühe Forschung war eben auch „Kind ihrer Zeit“, wobei der bleibende Wert der Kernaussagen der Bindungsforschung davon unberührt bleibt.

Mit solchen zeitgebundenen Signaturen kann man heute leicht dekonstruktivistische Dissertationen schreiben, doch fehlt hier der jungen akademischen Generation die souveräne Gelassenheit, den bleibenden Wert zu betonen. Einige Assoziationen will ich einfügen. Neuerdings promoviert man über die kolonialen Rassismus-Spuren als Modi epistemischer Ge-

126 Wahlert G von (1972) Adolf Portmann. Versuch einer Würdigung. Reinhardt, Basel: S. 19.

127 Schulz-Nieswandt F (2018) Metaphysik der Sozialpolitik. Richard Seewald und der Renouveau catholique: Spurensuche auf dem Weg zum religiösen Sozialismus. Königshausen & Neumann, Würzburg.

128 Hengstenberg H-E (1974) Philosophische Anthropologie und Einzelwissenschaften unter interdisziplinärem Gesichtspunkt. In Schwarz R (Hrsg) Internationales Jahrbuch für Interdisziplinäre Forschung. Bd. 1 Wissenschaft als interdisziplinäres Problem. Teil 1. De Gruyter, Berlin/Boston: S. 285–310.

129 Vgl. zur Position von Hengstenberg auch: Hengstenberg H-E (1949) Grundlegungen zu einer Metaphysik der Gesellschaft. Glock und Lutz, Nürnberg. Dazu auch Hildebrand D von (1955) Metaphysik der Gemeinschaft. Josef Habbel Verlag, Regensburg.

130 Grossmann K E & Grossmann K (2003) Bindung und menschliche Entwicklung. John Bowlby, Mary Ainsworth und die Grundlagen der Bindungstheorie. Klett-Cotta, Stuttgart sowie Holmes J (2002) John Bowlby und die Bindungstheorie. Reinhardt, München.

walt im Werk von Kant.[131] In den Disputationen hätte ich gerne einmal nachgefragt, wie es um die Bedeutung von Kant[132] mit Blick auf Art. 1 GG (kategorischer Imperativ der Würde) und Art. 2 GG (Sittengesetz von Kant) steht. Welche konstitutive Bedeutung hat die Philosophie von Kant für die UN-Grundrechtskonventionen und für die Europäische Charta der Grundrechte? „Mütterlichkeit“, auch dazu gibt es einschlägige, wenngleich theoretisch nicht vollumfänglich hinreichend überzeugende Literatur, sollte als Care-Haltung Gender-neutral dekonstruiert werden. Und Sorge, auch dies ist richtig, sollte nicht paternalistisch aus dem Geist der Pastoralmacht praktiziert werden. Ich will die Kette der Assoziationen nicht weiter „spinnen“. Die dekonstruktive Kritik ist ja nicht unbegründet, überdreht aber ungebremst und wird grenzenlos und sinnwidrig. Deshalb ist diese Kritik der Kritik notwendig.

Zurück zu Adolf Portmann. Dieser Denkansatz von Adolf Portmann war für die anthropologische Grundlegung der Sozialisationstheorie[133] und der Erziehungsphilosophie bzw. – moderner ausgedrückt – der Bildungsforschung („humanwissenschaftlicher“ Fakultäten) von fundamentaler Bedeutung[134] und hat mich seit meiner Gymnasialzeit (im Leistungskurs Erziehungswissenschaft, worauf ich ja nochmals in autobiographischer Sicht zurückkommen werde), beschäftigt, insbesondere (1) in meiner Theorie der Lebenszyklus-bezogenen Sozialpolitiklehre und (2) in der Ausarbeitung der Bedeutung der Philosophischen Anthropologie als integrative Klammer der inter- bzw. multidisziplinären Alternsforschung.

Ich habe ein vertieftes Interesse an dem Wiederaufgreifen des Werkes von Adolf Portmann demnach im Rahmen meiner Rezeption der Philosophischen Anthropologie der *conditio humana* für die Theorie der Sozialpolitik und sodann (3) für die Gabe-anthropologisch[135] fundierte

131 Vgl. stattdessen: Kuhn K (2018) Subtexte der Menschheitsgeschichte. Zur Literarisierung von Geschichtsphilosophie bei Immanuel Kant, Johann Gottfried Herder und Christoph Martin Wieland. transcript, Bielefeld.

132 Lorini G (2023) Die anthropologische Normativität bei Kant. Königshausen & Neumann, Würzburg.

133 Hurrelmann K u. a. (Hrsg) (2015) Handbuch Sozialisationsforschung. 8. Aufl. Beltz, Weinheim.

134 Theodor Litt rezipierte Buytendijk und kannte auch Schriften von Adolf Portmann. Diese Beziehung ist aber, soweit ich sehe, noch nicht näher erschlossen.

135 Schulz-Nieswandt F (2023) Onto-Poetik der responsiven Gabe. Alber in Nomos, Baden-Baden. Dazu auch Schulz-Nieswandt F & Micken S (2021) Die Gabe. Kulturgrammatischer Baustein und generative Form der genossenschaftsartigen Sozialgebilde. LIT, Berlin u. a. sowie Schulz-Nieswandt F, Micken S & Moldenhauer J

genossenschaftliche Form[136] (im Rahmen einer sozialen Geometrie[137] der Gemeinwirtschaftslehre zwischen Reziprozitätsvektorräumen der vertikalen Herrschaft und der horizontalen Genossenschaft[138]) der Daseinsbewältigung und der Lebensführung der Menschen empfunden. Die Frage lautet demnach: Welche Bedeutung hat das Werk von Adolf Portmann für die anthropologische Fundierung der Sozialtheorie und ihrer Morphologie – sie ist Selbstdarstellung der Gebilde im Modus der Form[139] – der sozialen Gesellungen und ihrer Sozialisationstheorie?

Ich kann dabei mit Blick auf die poststrukturalistischen Studien zu Kulturen der Subjektivierungsformen – entgegen des dort oftmals, nicht immer und zwingend vertretenen Anti-Humanismus einer Anti-Anthropologie – die ontoanthropologische Differenz zwischen dem Sein und dem Seienden unterscheiden. Adolf Portmann hat recht: Es gibt keine Gestaltwahrheit

---

(2022) Morphologie der Gabe. Fragmente einer hermeneutischen Gestaltlehre der Gabemechanismen. LIT, Berlin u. a. Zuvor auch Schulz-Nieswandt F (2003) Herrschaft und Genossenschaft. Duncker & Humblot, Berlin und Schulz-Nieswandt F (2014) Onto-Theologie der Gabe und das genossenschaftliche Formprinzip. Nomos, Baden-Baden.

136 Schulz-Nieswandt F (2018) Morphologie und Kulturgeschichte der genossenschaftlichen Form. Nomos, Baden-Baden.

137 Schulz-Nieswandt F, Micken S & Moldenhauer J (2023) Zur sozialen Geometrie der Selbsthilfe. Eine Morphologie zwischen Innenraum, liminalem Hybridraum und Öffnungsraum als „Commoning", LIT, Berlin u. a. Zuvor schon Schulz-Nieswandt F (2020) Digitalisierung der Selbsthilfe. Sozialrechtliche Fragen und ethische Dimensionen ihrer öffentlich-rechtlichen Förderung. Nomos, Baden-Baden; Schulz-Nieswandt F (2020) Selbsthilfeförderung im ländlichen Raum. Nomos, Baden-Baden; Schulz-Nieswandt F (2019) Person – Selbsthilfe – Genossenschaft – Sozialversicherung – Neo-Korporatismus – Staat. Nomos, Baden-Baden; Schulz-Nieswandt F (2011) Gesundheitsselbsthilfegruppen und ihre Selbsthilfeorganisationen in Deutschland. Der Stand der Forschung im Lichte der Kölner Wissenschaft von der Sozialpolitik und des Genossenschaftswesens. Nomos, Baden-Baden; Schulz-Nieswandt F & Langenhorst F (2015) Gesundheitsbezogene Selbsthilfe in Deutschland. Zu Genealogie, Gestalt, Gestaltwandel und Wirkkreisen solidargemeinschaftlicher Gegenseitigkeitshilfe und Selbsthilfeorganisationen. Duncker & Humblot, Berlin; Schulz-Nieswandt F, Köstler U, Langenhorst F & Hornik A (2018) Zur Rolle der Gesundheitsselbsthilfe im Rahmen der Patientenbeteiligung in der gemeinsamen Selbstverwaltung gemäß § 140f SGB V. Eine explorative qualitative Studie und theoretische Einordnungen. Duncker & Humblot, Berlin.

138 Dazu auch in Schulz-Nieswandt F (2007) Kulturelle Ökonomik des Alterns. Zum Umgang mit dem Alter im Generationengefüge zwischen archetypischer Ethik und Knappheitsökonomik. In Teising M u. a. (Hrsg) Alt und psychisch krank. Diagnostik, Therapie und Versorgungsstrukturen im Spannungsfeld von Ethik und Ressourcen. Kohlhammer, Stuttgart: S. 31–54.

139 Portmann A (1965) Aufbruch der Lebensforschung. Rhein-Verlag, Zürich: S. 29.

des Menschen ohne Erziehung und Sozialisation. Damit ist aber nicht jegliche geschichtlich-gesellschaftlich-kulturell konkrete Form der Vergesellschaftung des Menschen als Subjekt und Subjektivierung – humangerecht – gerechtfertigt.

Es gibt eigentliche und uneigentliche, wesensmäßige und entfremdete Formen der Existenz. Adolf Portmann hat uns vorgeführt, dass der Mensch jedoch nie ohne Vergesellschaftung als Teil seiner biologischen Konstitution leben kann, also überhaupt Mensch sein kann. Das ist trivial, wenn man es erst einmal so begriffen hat. Und dies ist nicht selbstverständlich. Diese Sicht wirft ein spezifisches Licht auf die Beziehung von Kultur und Natur. Beides steht nicht im Gegensatz, sondern ist eine Faltung: Kultur ist Teil der Biologie des Menschen und dennoch eine Sonderung, denn ihre DNA im Sinne einer generativen Kulturgrammatik des Sozialen ist anders volativ und mutativ als die biologische Verfassung.

Vor dem Hintergrund dieser ersten Positionsbestimmungen der vorliegenden Abhandlung kann ich nun weitere Schritte gehen: (1) Die Fragestellung und die Zielsetzung der Abhandlung müssen spezifiziert werden; (2) die konkrete Form der Art und Weise der Abhandlung muss erläutert werden; (3) die zentrale Erkenntnis als Ertrag der Abhandlung soll knapp und in aller Dichte – mit Blick auf das Versprechen, dies systematisch zu entfalten – formuliert werden. Entsprechend gehe ich nun vor.

3. Fragestellung und Zielsetzung der Abhandlung

Ich handle also über das Werk von Adolf Portmann[140] und damit über ein Stück meines Selbst. Dabei kristallisiert sich eine gewisse thematische Kontinuität heraus, die sich als Erkenntnisinteresse abgespeichert hat. Im Kern geht es (1) um den Beitrag der biologischen Forschung von Arnold Portmann zu einem anthropologischen Verständnis der lebenslangen Ontogenese[141] des Menschen vor allem in erziehungsphilosophischer oder, an-

140 Koechlin F (2004) Don Quijote der Laboratorien. Zürcher Wochenzeitung 24 vom 10.6.2004: http://www.blauen-institut.ch/s2_blue/tx_blu/tp/tpf/f_portmann.pdf. Tag des Zugriffs: 27. Januar 2023.

141 Tomasello M (2020) Mensch werden. Eine Theorie der Ontogenese. 3. Aufl. Suhrkamp, Berlin; Oerter R (2014) Der Mensch, das wundersame Wesen. Was Evolution, Kultur und Ontogenese aus uns machen. Springer Spektrum, Berlin u. a.

ders formuliert, bildungswissenschaftlicher[142] Hinsicht.[143] Bei der vertieften Analyse des Werkes von Adolf Portmann – aber weit ab von der Chance, sein Gesamtwerk vollumfänglich studiert zu haben – kristallisierte sich (2) die in der neueren Biosemiotik intensiv rezipierte Theorie von Adolf Portmann, dass die Lebewesen eine Innerlichkeit haben, die man – mit Blick auf den Daseinswert[144] – hermeneutisch mit Blick auf die Ausdrucksgestalt berücksichtigen muss. Dies verweist einerseits auf eine Oberflächen-Tiefe-Strukturidee, die jedoch andererseits unter ästhetischen Aspekten[145] nicht funktionalistisch denkt und auch der Ausdrucksgestaltqualität der Oberfläche eine Eigenwertigkeit zukommen lässt.

a) Fragestellung

Die Fragestellung der vorliegenden Abhandlung lautet demnach: Welche Bedeutung hat die ontogenetische Forschung von Adolf Portmann zur anthropologischen Fundierung der Menschenwissenschaft[146] unter dem Aspekt des Geistes innerhalb der Natur des Menschen? Und welche Bedeutung hat die semiotische Dimension für eine Hermeneutik der Ausdrucksgestalt?

b) Zielsetzung

Die Zielsetzung der vorliegenden Abhandlung resultiert aus dieser Fragestellung, verknüpft sich aber mit einigen autobiographischen Reflexionen der Bedeutung von Adolf Portmann für den jemeinigen[147] Entwicklungspfad des Verfassers der vorliegenden Abhandlung. Auf den Begriff gebracht:

---

142 Huber M & Döll M (Hrsg) (2023) Bildungswissenschaft in Begriffen, Theorien und Diskursen. Springer VS, Wiesbaden.

143 Kugler R (1967) Philosophische Aspekte der Biologie Adolf Portmanns. Exitio Academica, EVZ-Verlag Zürich: S. 52 ff., S. 59 ff.

144 Illies J (1981) Adolf Portmann. Ein Biologe vor dem Geheimnis des Lebendigen. Herder, Freiburg i. Br. u. a.: S. 31; 88.

145 Kugler R (1967) Philosophische Aspekte der Biologie Adolf Portmanns. Exitio Academica, EVZ-Verlag Zürich: S. 30 ff.

146 Korte H (2013) Über Norbert Elias. Das Werden eines Menschenwissenschaftlers. 3. Aufl. Springer VS, Wiesbaden.

147 Weiss J (Hrsg) (2001) Die Jemeinigkeit des Mitseins. Die Daseinsanalytik Martin Heideggers und die Kritik der soziologischen Vernunft. UVK, Konstanz.

Portmanns Erkenntnis des Menschen als sekundärer Nesthocker mit einer ausgedehnten extrauterinen Embryonalphase[148] hat mich schon in dem erziehungswissenschaftlichen Leistungskurs als anthropologische Propädeutik[149] für eine psychodynamisch tief ansetzende Erziehungs- und Sozialisationstheorie fasziniert, in der weiteren Kontinuität dieses Daseinsthemas wohl auch deshalb, da mir sodann im Laufe der Jahrzehnte deutlich werden konnte, dass hiermit der Schlüssel für eine Selbstanalyse im Kontext der familienbiographischen Zusammenhänge gegeben wurde. So konnte ich mich selbst etwas aufschließen wie ein Raum, der erst noch ausgeleuchtet werden muss.

Interessierte mich im Studium sodann auch die Familiensoziologie[150], so eben wohl im Zusammenhang mit diesem selbstreflexiven[151] Erkenntnisinteresse. Diese selbstreflexiven Dimensionen der Erkenntnisinteressen der vorliegenden Abhandlung lauten: Was ist in meiner extrauterinen Embryonalphase als sekundärer Nesthocker[152] geschehen, dass ich entgegen der Chancenstruktur meiner sozialen Herkunft den steilen akademischen Weg gehen konnte, den ich dann allerdings wie von einem „Daimon" getrieben in ausgeprägter „Verstiegenheit"[153] auch gegangen bin?

4. Reflexionsfragmente – zur poetischen Strategie der Abhandlung

Die Abhandlung ist von kleinem, aber dichtem Umfang. Die eigenen Theorieentwicklungszusammenhänge, auf die hin der Sinn- und Bedeutungszusammenhang meiner interessierten Rezeption von Adolf Portmann verdeutlicht wird, sind nur extrem verdichtet eher angedeutet als ausformu-

148 Portmann A (1956) Zoologie und das neue Bild vom Menschen. Biologische Fragmente zu einer Lehre vom Menschen. 2. Aufl. Rowohlt, Hamburg.

149 In diesem Sinne Fischer J (2006) Philosophische Anthropologie – Ein wirkungsvoller Denkansatz in der deutschen Soziologie nach 1945. Zeitschrift für Soziologie (5): S. 322–347.

150 Hill P B & Kopp J (Hrsg) (2016) Handbuch Familiensoziologie. Springer VS, Wiesbaden; Ecarius J & Schierbaum A (2022) Handbuch Familie. 2 Bde. 2. Aufl. Springer VS, Wiesbaden.

151 Moog-Grünewald M (Hrsg) (2004) Autobiographisches Schreiben und philosophische Selbstsorge. Winter, Heidelberg.

152 Portmann A (1956) Zoologie und das neue Bild vom Menschen. Biologische Fragmente zu einer Lehre vom Menschen. 2. Aufl. Rowohlt, Hamburg.

153 Binswanger L (2010) Drei Formen missglückten Daseins. Verstiegenheit, Verschrobenheit, Manieriertheit, (1956). Reprint. De Gruyter, Berlin.

liert. Etwas deutlicher versuche ich, die relevanten Teile des Werkes von Portmann in ebendieser Bezugsbedeutung verständlich zu machen. Wenn sodann meine selbstanalytischen autobiographischen Passagen noch in das Textgewebe eingestrickt werden, bleiben dennoch der torsohafte Charakter der Abhandlung und seine fragmentarische Struktur bestehen. Dies passt aber zum Leben selbst, das ja ein Torso ist und Fragment bleibt.[154]

5. Zur Quintessenz: Der Mensch als Naturwesen mit Geist

Ich werde die besondere Stellung des theoretischen Beitrages von Adolf Portmann im Gefüge der Philosophischen Anthropologie in der Scheler-Gehlen-Plessner-Dreigestirnkonstellation[155] herausstellen: Der Mensch[156] ist, biologisch, durch und durch ein Naturwesen, aber mit Geist, also ein geistiges Naturwesen, ein Geist-beseeltes Naturwesen.

Doch müssen wir einen Schritt in Richtung auf die Gebildegestalten der sozialen Wirklichkeit weitergehen. Der Geist und die daraus ableitbare Kultur des Sozialen als objektiver Geist z. B. in den symbolischen Formen[157] von Mythos und Religion, Wissenschaft und Kunst bestimmen die Sonderstellung des Menschen[158] im Allzusammenhang der Natur. Aber all diese Kulturbildungen des Geistes bleiben Teil der Natur des Menschen, womit insofern der Titel der „Gesammelte(n) Aufsätze zur Biologie und Anthropologie" rhetorisch nachfragt: „Entläßt die Natur den Menschen?" (E-NdM)[159] Gerade weil der Mensch – entgegen Arnold Gehlen argumentierend – kein „Mängelwesen" ist (E-NdM S. 200 ff.), sondern in der Geist-

154 Burdorf D (2020) Zerbrechlichkeit. Über Fragmente in der Literatur. Wallstein, Göttingen.

155 Fischer J (2009) Exploring the core identity of philosophical anthropology through the works of Max Scheler, Helmuth Plessner, and Arnold Gehlen. Iris 1 (1): S. 153–170.

156 Zu seiner Entwicklung vgl. auch Leroi-Gourhan A (1987) Hand und Wort. Die Evolution von Technik, Sprache und Kunst. 5. Aufl. Suhrkamp, Frankfurt am Main. Vgl. auch Bohlken E & Thies Chr (Hrsg) (2009) Handbuch Anthropologie. Der Mensch zwischen Natur, Kultur und Technik. Metzler, Stuttgart/Weimar.

157 Zu dem „primären" und „sekundären Welterleben" vgl. auch in Kugler R (1967) Philosophische Aspekte der Biologie Adolf Portmanns. Exitio Academica, EVZ-Verlag Zürich: S. 126 ff.

158 Portmann A (1976) An den Grenzen des Wissens. Vom Beitrag der Biologie zu einem neuen Weltbild. Fischer, Frankfurt am Main: S. 57 ff.

159 Portmann A (1970) Entläßt die Natur den Menschen? Gesammelte Aufsätze zur Biologie und Anthropologie. Piper, München.

bildung infolge der langen Phase der soziokulturellen Reifung als Akt des Wirklich-Werdens der Potenz des Geistes, der in und mit der Natur des Menschen angelegt ist, sein Wesen findet, liegt hier seine schöpferische Stärke.

Daher betont Adolf Portmann die „Bedeutung der Erziehung „(E-NdM S. 282 ff.), aber – m. E. ähnlich wie Theodor W. Adorno[160] – als „wahre" Kultur, die im Lichte der „Minima Moralia"[161] anders ist als die „uneigentliche" Existenz in einem „unwahren" Leben. Adolf Portmann (E-NdM S. 207) bezieht sich auf das Monumentalwerk „Der Geist als Widersacher der Seele"[162] von Ludwig Klages[163], der hier als Mahner der 1920er-Jahre angesichts des „ersten mörderischen Weltkrieg(es)" „lange vor dem Atomzeitalter!" „viele Gemüter tief erschüttern musste". Der falsche, also unwahre Geist der technizistischen Revolution – Adolf Portmann hob mehrfach auch die kapitalistische Formbestimmtheit dieses Geistes hervor – zerstört das Gelingen einer höheren Kulturentwicklung des Menschen als geistiges Kulturwesen[164]. Ja, „wir sind unterwegs", wir: „Der Mensch in seiner Umwelt".[165] Aber wohin geht die Reise? Oder anders formuliert: „Was wird aus dem Menschen?"[166]

Die anthropologischen Forschungen (E-NdM S. 137 ff.) erwachsen bei Adolf Portmann aus den biologischen Forschungen (E-NdM S. 12 ff.) heraus, und sie sind Beiträge zur Gestaltforschung und zur Morphologie und betonen die unsichtbare Welt der „plasmatischen Strukturen". In seinem Vorwort (V) zu den „Streifzügen" von Jakob von Uexküll, den er dort als einen „großen Biologen" nennt und über ihn von einem eigenwilligen

---

160 Adorno Th W (1971) Erziehung zur Mündigkeit. Vorträge und Gespräche mit Hellmut Becker 1959 bis 1969. 28. Aufl. Suhrkamp, Frankfurt am Main.

161 Adorno Th W (1969) Minima Moralia. Reflexionen aus dem beschädigten Leben. 31. Aufl. Suhrkamp, Frankfurt am Main.

162 Klages L (1972) Der Geist als Widersacher der Seele (1929–32). 3 Bde. 5. Aufl. Bouvier, Bonn.

163 Illies J (1981) Adolf Portmann. Ein Biologe vor dem Geheimnis des Lebendigen. Herder, Freiburg i. Br. u. a.: S. 96.

164 Kugler R (1967) Philosophische Aspekte der Biologie Adolf Portmanns. Exitio Academica, EVZ-Verlag Zürich: S. 69 ff.

165 Portmann A (1973) Wir sind unterwegs. Der Mensch in seiner Umwelt. 2., erw. Aufl. Walter-Verlag, Olten/Freiburg i. Br.

166 Illies J (1981) Adolf Portmann. Ein Biologe vor dem Geheimnis des Lebendigen. Herder, Freiburg i. Br. u. a.: S. 241 ff.

Genie"[167] spricht[168], schreibt Adolf Portmann: „Das Protoplasma als Ganzes ist immer übermaschinell." (V S. 9)[169] Er nimmt damit eine Position ein im Streit zwischen[170] Mechanisten und Vitalisten in der theoretischen Biologie.[171] Es skizziert damit seine Position. Damit ist – entgegen Koepke[172] – keinerlei „Mystik" verbunden.[173] Es kann sonst passieren, dass Adolf Portmann zu einer Quelle der Interpretation der Mystik im Werk von Paul Celan[174] wird, der u. U. Arbeiten von Portmann kannte. Dabei geht es nicht um den hohen kulturbedeutsamen Wert der Mystik in der hermeneutischen Lyrik von Celan. Nur hat Portmann seine protoplasmische[175] Verortung der Ausdrucksgestaltung im Lichte seines Theorems der Innerlichkeit nicht dergestalt, also in einer solchen mystischen Art und Weise, gemeint.

Und der den Vitalismus in der Biologie fortführenden Jakob von Uexküll wird als Schlüsseldenker diskutiert. Aber wie nah sind sich Uexküll und Portmann in ihrem biologischen und anthropologischen Weltbild? Portmann sieht Uexküll als Vorläufer einer biologischen Bedeutungslehre (V S. 9), seine Lehre von Funktionskreis und Umwelt hätte sich geöffnet zur Innerlichkeit des Lebens und zu den „Tönungen", aber die Weltgebundenheit der Tiere beschränke sich eben auf die Tiere und der Übergang zur Anthropologie fiele so schwer (V S. 10 f.). Die Philosophische Anthropologie betont im Fall der Menschen die Weltoffenheit, womit das Verstehen von Bedeutungen eine andere Qualität annimmt. Was Portmann

167 Portmann a (1956) Vorwort: Ein Wegbereiter der neuen Biologie. In Uexküll J von mit Kriszat G (1956) Streifzüge durch die Umwelten von Tieren und Menschen: Ein Bilderbuch unsichtbarer Welten. Bedeutungslehre. Mit einem Vorwort von Adolf Portmann. Rowohlt, Hamburg: S. 7–17, hier S. 7.

168 Kugler R (1967) Philosophische Aspekte der Biologie Adolf Portmanns. Exitio Academica, EVZ-Verlag Zürich: S. 3. Vgl. auch Portmann A (1965) Aufbruch der Lebensforschung. Rhein-Verlag, Zürich: S. 10.

169 Illies J (1981) Adolf Portmann. Ein Biologe vor dem Geheimnis des Lebendigen. Herder, Freiburg i. Br. u. a.: S. 93.

170 Illies J (1981) Adolf Portmann. Ein Biologe vor dem Geheimnis des Lebendigen. Herder, Freiburg i. Br. u. a.: S. 94.

171 Kugler R (1967) Philosophische Aspekte der Biologie Adolf Portmanns. Exitio Academica, EVZ-Verlag Zürich: S. 114.

172 KoepkeE (1964) Adolf Portmann. Wegbereiter zu einem neuen Weltbild. Eine naturphilosophische Studie. Hamburger Kulturverlag, Hamburg.

173 Kugler R (1967) Philosophische Aspekte der Biologie Adolf Portmanns. Exitio Academica, EVZ-Verlag Zürich: S. 135.

174 Schulze J (1970) Mystische Motive in Paul Celans Gedichte. Poetica 3: S. 472–509.

175 Güttler H (1972) Die Begriffe Plasma und Protoplasma: ihre Entwicklung und Wandlung in der Biologie. Rete 1 (3+4): S. 365–375.

hier eine „Überdehnung des Umweltbegriffs“ (V S. 11) nennt, wird man als Differenz[176] zwischen Umwelt und Welt als Mit-Welt als ein soziales In-der-Welt-Sein verstehen müssen. Uexküll sei jedoch eine der Quellen der modernen Verhaltensforschung gewesen (V S. 13) und sei insofern von bleibender Bedeutung, doch sei die Entwicklung weitergegangen. Im Tier modelliert Uexküll die Einheit als „Übereinstimmung von Struktur und Gebaren“ (V S. 13). Damit kam er an die Grenze, deren Überschreitung er aber in seinem Werk angelegt habe: „Er hat den Schritt vorbereitet, indem er das Tätigsein des lebendigen Zentrums als eines weltschaffenden Subjektes“ (V S. 15) andachte. Uexküll hat den Mechanismus mit einem Vitalismus der übermaschinellen „Planmäßigkeit“ hinter sich gelassen (V S. 16), doch ist diese Kategorie[177] wie die des Lebens nur ein Wort, das nicht erklärt, was das Geheimnis dahinter ist. Wir müssen das Gefüge vieler Faktoren, die das Geheimnis des Werdens etwas durchsichtiger macht, verstehen lernen.

Mikro-, Medio- und Makrokosmos müssen unterschieden werden. Das Innere als der biologische Mikrokosmos geht über in den Raum des Mediokosmos des Kulturwesens[178] und stellt den Menschen ein in den Allzu-

176 Zu Übergangsdifferenzierungen der Umweltbildung der Tiere vgl. Portmann A (1965) Aufbruch der Lebensforschung. Rhein-Verlag, Zürich: S. 230 f., insb. S. 235 zu den „Lockerungen unserer Vorstellungen über die Kontraste von Menschen und Tieren“, um „die in der geistesgeschichtlichen Diskussion etwas erstarrte Idee von den Umweltbindungen des Tieres“ etwas zu „lockern und eine reichere, plastischere Wirklichkeit der tierischen Weltbeziehung vor Augen“ zu führen. Dennoch bliebe – worauf schon Herder hingewiesen hätte (S. 236) – die Weltoffenheit die Eigenart des Menschen. Dennoch sind und bleiben Weltgebundenheit und Weltoffenheit nur zwei Pole (S. 247 f.). Mit Bezug auf diese plastische Offenheit setzt er sich mit Gehlen, Bergson, Bollnow und Gabriel Marcel auseinander (S. 238 f.). Zu Marcel, den ich vielfach rezipiert habe, vgl. auch Berning V (1973) Das Wagnis der Treue. Gabriel Marcels Weg zu einer konkreten Philosophie des Schöpferischen. Alber, Freiburg i. Br./München. Hier findet die Idee des Geistes seinen Platz. Und Adolf Portmann verweist mit Blick auf diesen Punkt hierbei auf die Konvergenz, aber auch auf die großen Differenzen in den Werken von Plessner, Teilhard de Chardin und Julian Huxley (S. 241). In diesem Lichte wendet sich Adolf Portmann unter der Form-Frage auch sozialen Praktiken – Tanz, Zeremonien, Ritualen – zu (S. 243). Hier käme (mit Bezug auf Plessner) eine „zweite Natur“ der „künstlichen Kreativität“ zum Ausdruck. Man könnte m. E. auch sagen, hier käme eine dem Menschen eigene performative Generativität der inneren plasmatischen Organisation zur Wirkung.

177 Illies J (1981) Adolf Portmann. Ein Biologe vor dem Geheimnis des Lebendigen. Herder, Freiburg i. Br. u. a.: S. 93.

178 Landmann M (1961) Der Mensch als Schöpfer und Geschöpf der Kultur. Geschichts- und Sozialanthropologie. Reinhardt, München, Basel sowie Landmann

sammenhang des Makrokosmos (E-NdM S. 8 f.). Daraus erwachsen auch (E-NdM S. 211 ff.) kulturdiagnostische Fragen nach der Daseinswahrheit der technischen Zivilisation (Adolf Portmann dankt im Vorwort Alexander Rüstow[179] ebenso wie Wilhelm Szilasi[180]) und ihrer Manipulation des Menschen (E-NdM S. 213 ff.). Er dankt auch Helmuth Plessner und F. J. J. Buytendijk und dem Eranos-Kreis[181] in Ascona (E-NdM S. 11).

Adolf Portmann stand unter Einfluss der lebensphilosophischen[182] Strömungen, ließ sich aber in seiner eigenen fundamentalen Art der Gestimmtheit nicht radikal mitreißen.[183] Eher war die erkenntniskritische Haltung des „Kritizismus" von Leonard Nelson – interessant, weil hier auch eine Quelle der Kölner Gerhard Weisser-Schule zu erkennen ist, die für mich mit prägend war – ein Bezugspunkt für Adolf Portmann.[184]

Portmanns Beitrag ist dergestalt auch ein weiterer fundierender Baustein in meinen eigenen Bemühungen, mich der Morphologie als Paradigma der Wissenschaften[185] anzuschließen und eine Morphologie der mich interessierenden sozialen Gebilde als Gewebestruktur von Struktur und Sinn zu entwickeln.

M (1982) Philosophische Anthropologie. Menschliche Selbstdeutung in Geschichte und Gegenwart. 5. Aufl. De Gruyter, Berlin u. a.

179 Der ja auch von Vitalpolitik handelte: Maier-Rigaud R (2015) Vitalpolitik und Sozialstaatskritik: Zwei Gesichter Alexander Rüstows? In Dörr J u. a. (Hrsg) Vitalpolitik, Inklusion und der sozialstaatliche Diskurs. Theoretische Reflexionen und sozialpolitische Implikationen. LIT, Berlin u. a.: S. 11–34.

180 Szalai Z (2017) Im Schatten Heideggers. Einführung zu Leben und Werk von Wilhelm Szilasi. Alber, Freiburg i. Br./München. Vgl. auch Kugler R (1967) Philosophische Aspekte der Biologie Adolf Portmanns. Exitio Academica, EVZ-Verlag Zürich: S. 113.

181 Diese werkbiographisch relevante Dimension des Lebens von Adolf Portmann erfasst Illies als epistemischen Raum eines „umfassenden Bemühens": Illies J (1981) Adolf Portmann. Ein Biologe vor dem Geheimnis des Lebendigen. Herder, Freiburg i. Br. u. a.: S. 223 ff.

182 Kozljanic R (2004) Lebensphilosophie. Eine Einführung. Kohlhammer, Stuttgart.

183 Illies J (1981) Adolf Portmann. Ein Biologe vor dem Geheimnis des Lebendigen. Herder, Freiburg i. Br. u. a.: S. 95.

184 Illies J (1981) Adolf Portmann. Ein Biologe vor dem Geheimnis des Lebendigen. Herder, Freiburg i. Br. u. a.: S. 95.

185 Müller R u. a. (Hrsg) (2022) Morphologie als Paradigma in den Wissenschaften. frommann-holzboog, Stuttgart.

II. Reflexionsfragmente meiner theoriegeschichtlichen Beziehung zu Adolf Portmann

Autobiographische Bezüge kann ich in zwei verschiedenen Formen einbauen. Einerseits kann es sich um persönlichkeitsbezogene Bezüge handeln, die demnach meine wissenschaftliche Arbeit einbetten in den Lebenslauf meiner Person-Werdung mit Blick auf meinen Weg der Art und Weise der Daseins-bewältigenden Lebensführung. Andererseits geht es um meine Theoriebildung und somit um die Werkgestalt meines akademischen Schaffens. Beide Dimensionen sind eng miteinander verstrickt. Adolf Portmann und sein Werk sind – für mich – exemplarisch für diese Verknotung der beiden Dimensionen. Das möchte ich zur Explikation bringen.

1. Bedeutung der Philosophischen Anthropologie für meine Studien zur Sozialpolitik, Gemeinwirtschaft und Sozialforschung – systematische Bemerkungen

Die Fundierung meiner Themenfelder in der Einheit von Forschung, Lehre und Transfer bezeichne ich seit einiger Zeit als Ontoanthropologie. Im Kern ist es eine Philosophische Anthropologie, die allerdings in gewisse ontologische Reflexionszusammenhänge eingestellt ist. Die im Lebenslauf[186] sich einstellende a) Lebenslagen-bezogene und b) Ressourcen-theoretische

186 Schulz-Nieswandt F (2007) Lebenslauforientierte Sozialpolitikforschung, Gerontologie und philosophische Anthropologie. Schnittflächen und mögliche Theorieklammern. In Wahl H-W & Mollenkopf H (Hrsg) Alternsforschung am Beginn des 21. Jahrhunderts. AKA, Berlin: S. 61–81, sowie Schulz-Nieswandt F (2008) Alter und Lebenslauf. Ein Beitrag zur philosophischen Anthropologie in sozialpolitischer Absicht. In Aner K & Karl U (Hrsg) Lebensalter und Soziale Arbeit: Ältere und alte Menschen. Schneider Verlag Hohengehren, Baltmannsweiler: S. 77–91; Schulz-Nieswandt F (2019) Zum Framing der Alter(n)sdiskurse durch die Blickweise der Altenberichtskommissionen. In Medien & Altern (14): S. 16–27, sowie Schulz-Nieswandt F (2020) Die Altenberichte der Bundesregierung. Themen, Paradigmen, Wirkungen. In Aner K & Karl U (Hrsg) Handbuch Soziale Arbeit und Alter. 2. Aufl. Springer VS, Wiesbaden: S. 639–651.

Sozialpolitik[187] (in ihren sozialarchitektonischen Formen, ihren Medien und Interventionsmodi[188]), aber auch die existenziale Sorgearbeit[189], wie sie auf Formen des wirtschaftlichen Handelns bezogen werden muss, wobei ich vor allem die Gemeinwirtschaft in verschiedener Trägerschaft[190] und in diesem Rahmen zunehmend insbesondere auch die genossenschaftliche Form zum Thema gemacht habe, verankere ich also in der *conditio humana* als Potenziale und Limitationen der entwicklungspsychologisch erschließbaren Aufgabe der Daseinsbewältigung und der Existenzführung des Menschen. Der Mensch und die Umwelt, in die der Mensch eingestellt ist, werden als ein relationales Gefüge und als eine Gewebestruktur dabei von mir transaktional modelliert. Es geht um das Gelingen bzw. Scheitern des („guten") Lebens. Da diese Frage nach dem Gelingen/Scheitern nicht ohne Maßstab und ableitbare Kriterien der Vermessung der „Soll ↔ Ist"-

---

187 Schulz-Nieswandt F (2022) Soziale Sicherheit und soziale Ungleichheit - Grundriss der Morphologie der Sozialpolitik. In Kürsten K, Kautz H & Brandenburg H (Hrsg) Gerontologische Pflege: Fachwissen für Pflege- und Sozialberufe. Eine Einführung für Studierende. Hogrefe, Göttingen: S. 159–192, sowie Schulz-Nieswandt F u. a. (2014) Alterssozialpolitik, soziale Sicherung und soziale Ungleichheit (D, CH, A). In Brandenburg H & Becker S (Hrsg) Gerontologie - Gerontologisches Fachwissen für Pflege- und Sozialberufe - Eine interdisziplinäre Aufgabe. Huber, Bern: S. 117–159.

188 Vgl. etwa (mit Bezug auf die Beiträge von Franz-Xaver Kaufmann) auch in Schulz-Nieswandt F (2006) Sozialpolitik und Alter. Kohlhammer, Stuttgart.

189 Schulz-Nieswandt F (2015) Zur Zukunft der Sorge. Case Management 12 (3): S. 146–150.

190 Schulz-Nieswandt F (2014) EU-Binnenmarkt ohne Unternehmenstypenvielfalt? Die Frage nach den Spielräumen (dem modalen WIE) kommunalen Wirtschaftens im EU-Binnenmarkt. Nomos, Baden-Baden; Mühlenkamp H, Krajewski M, Schulz-Nieswandt F & Theuvsen L (Hrsg) (2019) Handbuch Öffentliche Wirtschaft. Nomos, Baden-Baden; Blome-Drees J, Göler von Ravensburg N, Jungmeister A, Schmale I & Schulz-Nieswandt F (Hrsg) (2023) Handbuch Genossenschaftswesen. Springer, Wiesbaden; Schulz-Nieswandt F (2018) Märkte der Sozialwirtschaft. In Grunwald K & Langer A (Hrsg) Handbuch der Sozialwirtschaft. Nomos, Baden-Baden: S. 739–755; Schulz-Nieswandt F (2020) Die Genossenschaftsidee und das Staatsverständnis von Hermann Schulze-Delitzsch (1808–1883) im Kontext des langen 19. Jahrhunderts der Sozialreform. Duncker & Humblot, Berlin; Schulz-Nieswandt F (2021) Gemeinwirtschaft. Grundriss einer Morphologie der dualen Wirtschaft. In memoriam Theo Thiemeyer (1929–1991). Duncker & Humblot, Berlin; Schulz-Nieswandt F (2022) Der „Dritte Weg" als gleichgewichtiges Anziehungszentrum. Sozialontologische Geometrie und Psychodynamik der Gemeinwirtschaft im Werk von Werner Wilhelm Engelhardt. Duncker & Humblot, Berlin; Schulz-Nieswandt F (2020) Gemeinwirtschaft und Gemeinwohl. Nomos, Baden-Baden; Schulz-Nieswandt F (2015) Metamorphosen zur gemeinwirtschaftlichen Genossenschaft. Nomos, Baden-Baden.

Beziehung möglich ist, werden Fragen der erfahrungswissenschaftlichen Wahrheit (und somit des zum Positivismus neigenden reinen Empirismus) transzendiert zugunsten des Einbezugs einer ontologischen Idee der Gestaltwahrheit des personalistisch definierten Menschen. Die naturrechtliche Metaphysik der personalen Würde fundiert eine überpositive Rechtsphilosophie und Ethik des sozialen Miteinanders als „soziale" Freiheit im Modus der Miteinanderverantwortung.[191]

Eine solche normative Fundierung schließt nicht aus, dass in explikativer Hinsicht post-strukturalistische Forschungen zur Vergesellschaftung des de-zentrierten Subjekts die praxeologische Habitustheorie mit der Dispositivanalyse gouvernementaler Regime mit Blick auf geschichtliche Subjektivierungsformationen nutzbar sind für die „Ist"-Analyse, die dann mit dem „Soll"-Referenzsystem konfrontiert wird. Die Metaphysik des Personalismus überschreitet – in einem „aufhebenden" Sinne – damit aber sowohl den „Kritizismus" der höchsten Wohlbedachtheit und tiefsten Selbstbesinnung des Neu-Kantianismus als auch die diskurstheoretische Fundierung der der Kategorie der Faktizität dual gegenüberstehenden Kategorie der Geltung in einer deliberativen Kommunikationsgemeinschaft.

Mag die explikative Analyse der Faktizität als prozessdynamische Kultur der sozialen Regime der Vergesellschaftung auch zwischen Hermeneutik und figurationsrelationalem Strukturalismus und als Verknüpfung von Verstehen und Erklären angesiedelt sein, so kann die „Bedeutung der Bedeutung" der Faktizität nur im Lichte einer skalierenden Metaphysik[192] personalistischer Ausdruckgestaltwahrheit des Menschen erschlossen werden.

Wie wir sehen werden, kann Adolf Portmann wichtige Beiträge zur anthropologischen Fundierung der empirischen Vergesellschaftungsforschung leisten. Zugleich fragt er aber auch nach dem Geist, der den Gestaltfiguren innewohnt. Was ist die Sinn-bezogene Bedeutung in den Formen, die die Ausdrucksgestalt annimmt? Indem er aber nicht nach der Funktionalität fragt, sondern nach dem „Schönen"[193] in der Form-Werdung, öffnet sich die empirische Forschung der Welt überpositiver Ideen und somit einer Ontologie der trans-empirischen Wahrheit des Lebens.

---

191 Heerdt Chr & Schulz-Nieswandt F (2022) Das Grundrecht auf Sozialraumbildung im Lichte des Menschenbildes der „sozialen Freiheit" des bundesdeutschen Grundgesetzes: Lehren aus der Corona-Krise. Sozialer Fortschritt 71 (10): S. 771–789.

192 Schulz-Nieswandt F (2018) Zur Metaphysikbedürftigkeit empirischer Alter(n)ssozialforschung. Nomos, Baden-Baden.

193 Gloy K (2023) Was ist Schönheit? Königshausen & Neumann, Würzburg.

2. Die Vernachlässigung von Adolf Portmann angesichts des dominanten Dreigestirns (Arnold Gehlen, Helmuth Plessner, Max Scheler)

Nicht nur ich, auch viele andere Abhandlungen beziehen sich, wenn es um die Philosophische Anthropologie – zur Orientierung ist vor allem auf Fischer[194] zu verweisen – geht, nicht nur,[195] aber doch in der Regel auf Scheler[196], Gehlen und Plessner[197]. Adolf Portmann ist auch ein Bezugspunkt. Dennoch steht er oftmals etwas im Hintergrund. Dabei sind die Denkzusammenhänge evident. Zu Plessner wird es alsbald ein Handbuch[198] geben. Insbesondere die Beziehung zwischen Plessner[199] (und seiner „Stufenlehre“[200]) und Portmann sind ein Thema.[201] Für mich ist Max

194 Fischer J (2022) Philosophische Anthropologie. Eine Denkrichtung des 20. Jahrhunderts. 2., durchges. Aufl. Alber in Nomos, Baden-Baden.

195 Vgl. aber auch Thies Chr (2018) Philosophische Anthropologie auf neuen Wegen. Velbrück, Weilerswist.

196 Mader W (1995) Max Scheler. 2. Aufl. Rowohlt, Reinbek bei Hamburg.

197 Haucke K (2000) Plessner zur Einführung. Junius, Hamburg.

198 Angekündigt: Fischer J (Hrsg) (2023) Plessner-Handbuch. Leben – Werk – Wirkung. Metzler in Springer, Berlin.

199 Vgl. auch Fischer J (2016) Exzentrische Positionalität. Velbrück, Weilerswist. Vgl. dazu auch Plessner H (1967) Der Mensch als Lebewesen. Adolf Portmann zum 70. Geburtstag. Merkur. Deutsche Zeitschrift für europäisches Denken 21: S. 536–646.

200 Plessner H (2003) Die Stufen des Organischen und der Mensch. Einleitung in die philosophische Anthropologie. 2. Aufl. Suhrkamp, Frankfurt am Main.

201 Tolone O (2015) Helmuth Plessner und Adolf Portmann. Zur philosophischen Bestimmung des Menschen durch Exzentrizität und Frühgeburt. In Köchy K & Michelini F (Hrsg) (2015) Zwischen den Kulturen. Plessners „Stufen des Organischen“ im zeithistorischen Kontext. Alber, Freiburg i. Br./München: S. 141–160. Dort finden sich auch weitere Kontextualitäten zu Jakob von Uexküll, zu F. J. J. Buytendijk, zu Hans Driesch, zu Viktor von Weizsäcker, zur Gestaltpsychologie, zu Henri Bergson usw. An anderer Stelle nennt Portmann weitere Bezüge, z. B. auch zu Maurice Merleau-Ponty und Erwin W. Straus sowie Karl Jaspers. Kurt Goldstein war mir bislang verschlossen. Die anderen Bezüge habe ich in vielen andren thematischen Kontexten meiner Forschungen und Lehre rezipiert und „verarbeitet“. Vgl. auch Portmann A (1976) An den Grenzen des Wissens. Vom Beitrag der Biologie zu einem neuen Weltbild. Fischer, Frankfurt am Main: S. 130 ff. Zu den Eranos-Tagungen dort auch S. 133 ff., dabei die Beziehung zu Carl Gustav Jung heraushebend. Zu Straus vgl. u. a. Bossong F (1991) Zu Leben und Werk von Erwin Walter Maximilian Straus mit Ausblicken auf seine Bedeutung für die Medizinische Psychologie. Königshausen & Neumann, Würzburg. sowie Breyer Th, Fuchs Th & Holzhey-Kunz A (Hrsg) (2015) Ludwig Binswanger und Erwin Straus. Beiträge zur psychiatrischen Phänomenologie. Alber, Freiburg i. Br./München. Vgl. auch in Schulz-Nieswandt F (2023) Integrierte Versorgung als humangerechte Mutation der Medizinkultur. Das Elend einer Selbstblockierung eines kranken Sektors. LIT, Berlin u. a.

Scheler[202] relevant mit Blick auf seine personalistische Theorie der Liebe, Arnold Gehlen ist – wie noch mehrfach aufzugreifen sein wird – durchgängig ein Thema für die Fundierung der Theorie der Vergesellschaftung (mitunter vermittelt über Hans Blumenberg[203] und Giorgio Agamben[204]), aber auch über die Beiträge von Dieter Claessens[205] zur anthropologischen Fundierung[206] der Soziologie oder mit Blick auf die Erziehungsphilosophie[207] der Bedürftigkeit und Fähigkeit des Menschen auf und zur Kultur). Adolf Portmann prägte bekanntlich die Begriffe der „physiologischen Frühgeburt"[208] und die Begriffe „Nesthocker" bzw. „Nestflüchter". Der Mensch ist allerdings weder einfach das eine oder das andere, sondern wurde von ihm als ein „sekundärer Nesthocker" mit einer offenen Präge- und Lernphase im „sozialen Uterus" der Familie bezeichnet.[209]

Adolf Portmann verdankt zentrale Ideen Plessner, dessen Arbeiten ja zum Teil zeitlich vorausgingen; später bezog sich Plessner viel auf Adolf Portmann. Es geht im Kontext der menschlichen Frühgeburt um eine Position philosophischer Anthropologie hinsichtlich des schöpferischen Geistes des Menschen als Besonderung in der Stufenlehre der Evolution jenseits von Biologismus und Spiritualismus.

Entscheidend ist, dass Adolf Portmann – ähnlich wie im Fall der Differenz zwischen Plessner und Scheler – Weltoffenheit nicht als Überwindung von Welt(ein)gebundenheit versteht. Die Weltoffenheit ist eine Positionierung des Menschen zur Welt, die ihn zugleich als eingefügt in ebendie-

202 Wichtig auch Scheler M (2007) Die Stellung des Menschen im Kosmos. 16. Aufl. Bouvier, Bonn.

203 Blumenberg H (2014) Beschreibung des Menschen. Suhrkamp, Frankfurt am Main.

204 Agamben G (2003) Das Offene: Der Mensch und das Tier. Suhrkamp, Frankfurt am Main.

205 Claessens D (1962) Familie und Wertsystem. Eine Studie zur zweiten sozio-kulturellen Geburt des Menschen. Duncker & Humblot, Berlin.

206 Dazu auch Müller H (1988) Philosophische Grundlagen der Anthropologie Adolf Portmanns. Wiley VCH-Verlag, Weinheim.

207 Vgl. u. a. Reichenbach R (2007) Philosophie der Bildung und Erziehung. Eine Einführung. Kohlhammer, Stuttgart sowie Schäfer A (2017) Einführung in die Erziehungsphilosophie. 2. Aufl. Juventa in Beltz, Weinheim und Weiß G & Zirfas J (Hrsg) (2020) Handbuch Bildungs- und Erziehungsphilosophie. Springer VS, Wiesbaden.

208 Dabei ist auch der frühere Beitrag von Louis Bolk anzuführen: vgl. in Bolk L (1926) Das Problem der Menschwerdung. Gustav Fischer, Jena.

209 Portmann A (1956) Zoologie und das neue Bild vom Menschen. Biologische Fragmente zu einer Lehre vom Menschen. 2. Aufl. Rowohlt, Hamburg.

ser Welt[210] verstehen lässt. Die Idee der „exzentrischen Positionalität" bei Plessner ist keine absolute Position als eine gegenüber der Immanenz (Innenraum der Welt) transzendente (außerweltliche) Exzentrität, sondern eine zur Reflexion befähigende Position im Weltinnenraum. Damit rückt der Welt-Begriff[211] in eine spezifische Aufmerksamkeitszone hinein: Ist die exzentrische Position im Eingestellt-Sein in der Welt als Beziehung zu einer Um-Welt oder einer Mit-Welt zu verstehen? Von diesen ontologischen Fragen abzugrenzen ist das geschichtliche Phänomen der Entfremdung[212], die einen Bruch im Weltbezug[213] zum Ausdruck bringt. Es ist auch nicht treffsicher, diese Exzentrizität im Weltinnenraum der Immanenz als vollumfänglich treffsicher als Heideggers „In-der-Welt-Sein" zu verstehen. Denn der Ausdruck kennzeichnet bei Heidegger[214] die grundlegende Seinsverfassung des menschlichen Daseins. Er thematisiert die unauflösbare Einheit von Subjekt und Welt, das sich als Subjekt immer schon durch ein verstehendes Vertrautsein mit der Welt charakterisieren lässt. Die kritische Nachfrage betrifft die Betonung einer unmittelbaren Selbstverständlichkeit im Sinne einer Lebensweltlichkeit[215] in Bezug auf die exzentrische Positionalität der Reflexivität des Subjekts. Gleichwohl lässt sich ein angemessenes Verständnis von Ein-Wohnen[216] bei Heidegger ableiten.[217]

---

210 Hogrebe W (2019) Szenische Metaphysik. Klostermann, Frankfurt am Main.

211 Block K (2016) Von der Umwelt zur Welt. Der Weltbegriff in der Umweltsoziologie. transcript, Bielefeld.

212 Henning Chr (2015) Theorien der Entfremdung zur Einführung. Junius, Hamburg.

213 Schulz W (2003) Der gebrochene Weltbezug. Aufsätze zur Geschichte der Philosophie und zur Analyse der Gegenwart. Klett-Cotta, Stuttgart.

214 Heidegger M (1967) Sein und Zeit. 11. Auflage. Niemeyer, Tübingen.

215 Blumenberg H (2020) Theorie der Lebenswelt. Suhrkamp, Frankfurt am Main.

216 Nielsen C & Sepp H R (Hrsg) (2019) Wohnen als Weltverhältnis. Eugen Fink über den Menschen und die Physis. Alber, Freiburg i. Br./München. Vgl. auch Christina Vagt Chr (2010) „Umzu wohnen". Umwelt und Maschine bei Heidegger und Uexküll. In Brandstetter Th, Harrasser K & Friesinger G (Hrsg) Ambiente. Das Leben und seine Räume. Turia und Kant, Wien: S. 91–106.

217 Dazu auch Pisani S & Oy-Marra E (Hrsg) (2014) Ein Haus wie Ich. Die gebaute Autobiographie in der Moderne. transcript, Bielefeld. Zu den Wohnbilder als Seelenbilder gibt es auch eine umfangreiche psychoanalytische Literatur, die ich in anderen Studien rezipiert habe.

3. Diverse Thanatologien vom Ende der Anthropologie – Konturen einer neuen Anthropologie in alten Spuren

Die Idee der Anthropologie[218] ist nicht tot, auch dann, wenn sie mehrfach schon als tot ausgerufen worden ist. Dies gilt für den sog. Antihumanismus der de-konstruktivistischen Philosophie der Postmoderne, die die universale Anthropologie als Teil einer großen Erzählung der Aufklärungsphilosophie verwirft. Dies gilt – aber nur methodologisch – für poststrukturalistische Theorien der De-Zentrierung des Subjekts, wobei Michel Foucault[219] den Tod des Subjekts m. E. nicht so meinte, wie er antihumanistisch[220] rezipiert wurde, denn er war Denker der gouvernementalen Subjektivierungsformationen und (später auch) der Selbstsorge-Dispositive, was ihm ja sogar eine gewisse Nähe zur neoliberalen Selbstoptimierungsideologie[221] einbrachte. Louis Althussers Strukturalismus[222] argumentierte gegen die Anthropologie, meinte aber (und dies in seiner geneaologischen Methode einer nicht historiographisch verstehbaren Archäologie[223]) wohl – m. E., wenn man ihn ernst nehmen können soll – den idealistischen Subjektivismus, der sich in verschiedenen Disziplinen als methodologischer Individualismus mit normativen Konnotationen entfaltete.

Es gibt noch andere Selbstaufhebungen der Anthropologie, etwa in der Form der radikalen Historischen Anthropologie[224], die – zugespitzt formuliert – nur den Wandel als einzige Konstante des Menschen anzunehmen bereit ist. Transzendentalien dieser phänotypischen Volatilität in der Dia-

---

218 Danzer G (2011) Wer sind wir? Auf der Suche nach der Formel des Menschen. Anthropologie für das 21. Jahrhundert – Mediziner, Philosophen und ihre Theorien, Ideen und Konzepte. Springer, Berlin u. a.

219 Fink-Eitel H (2002) Michel Foucault zur Einführung. 4. Aufl. Junius, Hamburg. Vgl. auch Birkhan B (2012) Foucaults ethnologischer Blick. Kulturwissenschaft als Kritik der Moderne. transcript, Bielefeld.

220 Ebke Th & Schlossberger M (Hrsg) (2012) Dezentrierungen. Zur Konfrontation von Philosophischer Anthropologie, Strukturalismus und Poststrukturalismus. Internationales Jahrbuch für Philosophische Anthropologie. Bd. 3. Akademie Verlag, Berlin.

221 Spreen D (2015) Upgradekultur. Der Körper in der Enhancement-Gesellschaft. transcript, Bielefeld sowie Dalski L u. a. (Hrg) (2022) Optimierung des Selbst. Konzepte, Darstellungen und Praktiken. transcript, Bielefeld.

222 Sirmasac H (2019) Philosophische Distinktionen und wissenschaftliche Analytik nach Louis Althusser. Prozesse – Strukturen – Theorien. Nomos, Baden-Baden.

223 Mazumdar P (2015) Der archäologische Zirkel. Zur Ontologie der Sprache in Michel Foucaults Geschichte des Wissens. transcript, Bielefeld.

224 Tanner J (2008) Historische Anthropologie zur Einführung. 2. Auflage. Junius, Hamburg.

chronik der Geschichte und in der Synchronik im Kulturvergleich werden hier nicht anerkannt.

Ich sehe dies anders. (1) Es wird so lange Anthropologie geben, wie der Mensch das ist, zu dem er sich macht, und ebendies reflektiert.[225] (2) Es gibt transzendentale Universalien.

Allerdings muss dies einen strukturgenetischen Blick[226] auf das „Bewusstwerden des Bewusstseins" des menschlichen Selbst in der achsenzeitlichen[227] Entstehung der bikameralen Psyche[228] im Kontext von neolithischen[229] Hochkulturen[230] nicht ausschließen.

---

225 Feige D M (2022) Die Natur des Menschen. Eine dialektische Anthropologie. Suhrkamp, Berlin.

226 Fetz R L (2020) Strukturgenetische Anthropologie. Menschsein und Personwerden. Alber, Freiburg i. Br./München; Bohmann G & Niedenzu, H-J (2020) Historisch-Genetische Theorie. Springer VS, Wiesbaden. Ferner Oesterdiekhoff G W (2009) Die geistige Entwicklung der Menschheit. Velbrück, Weilersweist sowie Niedenzu H-J & Bohmann G (2021) Zur Aktualität von Günter Dux. Springer VS, Wiesbaden.

227 Damit ist eine alte, bis heute anhaltende kontroverse Diskussion verbunden: Assmann J (2020) Achsenzeit. Eine Archäologie der Moderne. 2. Aufl. Beck, München. Die Beteiligung an der Diskussion war (Jaspers, Eisenstadt, Armstrong) und ist (Joas, Bellah) groß.

228 Jaynes J (1988) Der Ursprung des Bewusstseins durch den Zusammenbruch der bikameralen Psyche. Rowohlt, Reinbek bei Hamburg.

229 Childe V G (1959) Der Mensch schafft sich selbst. Verlag der Kunst, Dresden; Diamond J (2006) Arm und Reich. Die Schicksale menschlicher Gesellschaften. 3. Aufl. Fischer, Frankfurt am Main sowie Graeber D & Wengrow D (2022) Anfänge. Eine neue Geschichte der Menschheit. Klett-Cotta, Stuttgart. Ferner Parzinger H (2016) Die Kinder des Prometheus. Eine Geschichte der Menschheit vor der Erfindung der Schrift 5. Aufl. München.

230 Kritisch dazu: Scott J C (2020) Die Mühlen der Zivilisation. Eine Tiefengeschichte der frühesten Staaten. Suhrkamp, Berlin.

III. Mein autobiographischer Bezugsrahmen der Reflexionsfragmente

Adolf Portmann hat in seiner Berufung zum Beruf des Biologen Kindheitsträume[231] – seine sehr frühe Bewunderung angesichts des Zaubers der Natur – zur Wirklichkeit werden lassen. Auch ich erinnere mich, dass mein akademisches Erwachen, trotz der sozioökonomischen und psychodynamischen Prekarität des familialen Milieus, mit dem Weihnachtsgeschenk eines einfachen Mikroskops und mit einfachen Kosmos-Chemie-Labor-Ausstattungen anfing. Ich wurde zum Tagträumer, wobei sich hier ein motivationales „Magma" freisetzte. Ich war ein junger Dauergast im Bochumer Zeiss-Planetarium und wanderte aus der Stadt hinaus zur Ruhr-Universität und schaute durch die Fenster der Chemielabore. In den schulischen Erdkunde-Büchern faszinierten mich die Bilder der Chemieindustrie und der Gartenanlagen der Pflanzenzüchtung. Meine Abiturprüfung im Leistungskurs Biologie war mir eine große Freude: Ein Schwerpunkt war Pflanzenphysiologie. Ich habe gerade dieses Gebiet geliebt. Geheimnisvoll – und sozial als Bildungsweg für unerreichbar – tauchten Bilder von einem Beruf im Kontext von Laboren vor meinen imaginierten Wirklichkeiten auf. Es sollte alles in einem doppelten Sinne anders kommen.

Als Spätzünder mittels des Pfades des Aufbaugymnasiums führte es den schüchternen Hauptschüler einerseits in die Möglichkeitsräume einer akademischen Laufbahn, dies jedoch andererseits nicht mehr in den Regionen der Naturwissenschaften, sondern der Sozialwissenschaften. Eine Synthese wäre möglich gewesen, wenn die Berufsaussichten des Lehramtes damals nicht so schlecht gewesen wären: Ich hätte gerne Biologie und Sozialwissenschaften in der Sekundarstufe II kombiniert. Es war die wirtschaftliche Unsicherheit, die mich abschreckte. Wie wäre wohl mein Leben anders verlaufen? Anders, besser, schlechter?

---

231 Portmann A (1976) An den Grenzen des Wissens. Vom Beitrag der Biologie zu einem neuen Weltbild. Fischer, Frankfurt am Main: S. 9 ff.

1. In der Gymnasialzeit – Zeichen eines Zaubers

Ich besuchte nach der 10. Hauptschlussklasse das Lessing-Gymnasium in Bochum-Langendreer, dass zugleich ein Aufbaugymnasium war. Ich hatte nach anfänglichen Schwierigkeiten viel Spaß und war von einer großen Begeisterung zum Lernen getrieben. Davon habe ich ausführlich an anderer Stelle[232] gehandelt. Der Zauber ging z. B. vom Biologie-Saal aus, der mich an die schönen kleineren Rondell-Hörsäle meiner Universität erinnert. Der Bezug zu meinem Biologie-Leistungskurs gehört bereits zum Thema der vorliegenden Abhandlung, denn in der im vorliegenden Zusammenhang relevanten Anthropologie hat in einem unterschiedlichen Ausmaß einen Bezug zur Forschung über das Sozialverhalten von Tieren. Es ist aber (dazu gleich im Abschnitt III.2) so, dass ich skeptisch war hinsichtlich der allzu vorschnellen Analogien oder gar Transferversuche von der Zoologie zur Anthropologie, wie im Fall des Nobelpreisträgers Konrad Lorenz[233] oder seines „Wahlverwandten" Irenäus Eibl-Eibesfeld[234]. Die Gründe waren wohl ideologiekritischer Art; und hier mag auch ein Leo-Kofler-Effekt, bei dem wir eifrig „Anthropologie und Soziologie"[235] (mit geschichtsphilosophischem Profil) studierten[236], vorgelegen haben. Aber die Lektüre von Adolf Portmann sprach mich atmosphärisch anders als Konrad Lorenz u. a. – positiver, affizierend – an. Mein Zugang zur Soziobiologie oder auch zur Evolutionspsychologie (trotz der jahrelangen Diskussionen in interdisziplinären Vorlesungen und Seminaren zur „Religion im Streit der Wissenschaften" oder „Identität und Kultur" mit befreundeten Kolleg*innen) ist bis heute blockiert. Der Hintergrund war die Verortung von

---

232 Schulz-Nieswandt F (2019) Die unvollkommene Paideia. Eine psychomotorische Hermeneutik meiner Odyssee zwischen Schicksal und Freiheit. Königshausen & Neumann, Würzburg.

233 Als Hauptwerk gilt Lorenz K (1973) Die Rückseite des Spiegels. Versuch einer Naturgeschichte des menschlichen Erkennens. Piper, München, Zürich. Vgl. auch Taschwer K & Föger B (2003) Konrad Lorenz. Biographie. Zsolnay, Wien.

234 Eibl-Eibesfeld I (1984) Die Biologie des menschlichen Verhaltens. Grundriß der Humanethologie. Piper, München.

235 Vgl. dazu insb. Kofler Leo (1973) Aggression und Gewissen. Grundlegung einer anthropologischen Erkenntnistheorie. Hanser, München.

236 Vgl. auch in Schulz-Nieswandt F (2021) Der apollinisch-dionysische Geist der Sozialpolitik und der Gemeinwirtschaft. Dialektische Poetik der Kultur zwischen Würde und Verletzbarkeit des Menschen. Nomos, Baden-Baden. Umfassend zu Kofler: Jünke Chr (2007) Sozialistisches Strandgut. Leo Kofler. Leben und Werk (1907–1995). VSA, Hamburg.

Adolf Portmann in meinem erziehungswissenschaftlichen Leistungskurs am Gymnasium. Die Philosophische Anthropologie war im Grundkurs Sozialwissenschaften (mein mündliches Abiturfach) weniger ein Thema, eher schon im Grundkurs Religion, weil es dort bereits um die sogenannte „anthropologische Wende" in der Theologie[237] ging, ein Thema, das mich in den letzten Jahren im Rahmen meiner Interessen an einem Einbau religionswissenschaftlicher Sichtweisen in meine ontoanthropologisch fundierte Sozialtheorie und Psychodynamik der Rechtsphilosophie und Ethik des genossenschaftlichen Miteinanders intensiv beschäftigt hat. Der erziehungswissenschaftliche Leistungskurs drehte sich mitunter im Kontext von Entwicklungspsychologie und Pädagogischer Psychologie um Grundlagenfragen – ich erinnere mich an eine kontroverse Diskussion der Kategorie der „Reifung" – der Anthropologie der Ontogenese im Kontext von Erziehung und Sozialisation. Dies hat mich immer schon – auch im Studium und sodann in meiner universitären Tätigkeit – fasziniert und folglich angetrieben.

Ich erinnere mich, als ich meinen Patenonkel in der Lüneburger Heide besuchte: Er schenkte mir etwas (für meine Erfahrungsverhältnisse: viel) Taschengeld. Es blieb nicht lange in meiner Tasche. Das Städtchen hatte eine Buchhandlung, wo ich tatsächlich die dreibändige Fischer-Funk-Kolleg-Ausgabe zur Erziehungswissenschaft und die zweibändige Fischer-Funk-Kolleg-Ausgabe zur Pädagogischen Psychologie erwerben konnte. Noch heute stehen sie in meiner Bibliothek und haben dort ihren für mich symbolträchtigen Funktionswert als Teil einer selbstreflexiven Erinnerungskultur. So auch das Fischer-Lexikon Biologie (Teil 1 und 2) und der zweibändige dtv-Atlas Biologie. Als ich wegen entgrenzter Bücherstapeleskalationen in meiner Bibliothek meiner Tochter eine ganze 3 x 4 Meter große Bücherband vermachte, fiel – dies war dennoch leichter als in dem Fall, als ich zuvor schon einige Kartons veralteter empirischer Forschungsbücher im wahren Sinne des Wortes entsorgte, weil die Bücher nun in guten Händen sind – die Auswahl nicht leicht: Die genannten Bücher aus meiner Gymnasialzeit blieben hinsichtlich ihres Standortes ohne Zweifel bei mir.

Es ging mir um Erziehungsphilosophie und dabei im Kern um das Theorem der Erziehungs- und Kulturbedürftigkeit und um die Erziehungs-

237 Schulz-Nieswandt F (2015) Zur verborgenen Psychodynamik in der theologischen Anthropologie. Eine strukturalistische Sichtung. Nomos, Baden-Baden.

und Kulturfähigkeit. Reflektierte ich dabei immer schon meinen eigenen Bildungsaufstieg, den ich als Spätzünder und ganz entgegen objektiver Chancenstruktur meines sozialen Herkunftsmilieus erleben durfte? Die Kulturbedürftigkeit verweist uns auf das Theorem des Menschen als „biologisches Mängelwesen", das ja im vorliegenden Zusammenhang einen wichtigen Gesichtspunkt zum Thema hat, aber einer angemessenen Rezeptionsdeutung bedarf. Denn der angebliche Mangel ist vielmehr eine starke Sonderstellung des Menschen:[238] „Aus der ontogenetischen Perspektive besteht diese Sonderstellung darin, dass Menschen weltbezogene Lebewesen sind. Ihnen sind der Bezug, die Bindung an die Welt angeboren und ihre Offenheit setzt, wie zahlreiche Forschungen zur Tierpsychologie und Verhaltensökologie nachgewiesen haben, eine sehr intensive Brutpflege voraus. Die Weltbeziehung ist die ihm vorgegebene Wirklichkeit des Menschen."[239] Adolf Portmann formulierte: „Wir alle werden in eine für uns anfängliche Welt hineingeboren."[240]

Nach Adolf Portmann ist der Mensch eine physiologische Frühgeburt. Dadurch wird er zu einem Nesthocker. Dafür wiederum macht ihn die Phase der Sozialisation des Säuglings und kleinkindlichen Entwicklung zu einer besonderen menschlichen Entwicklung fähig. Dabei geht es um die Entwicklung einer – begrenzten – Freiheit angesichts der Naturgebundenheit des Menschen. Es sind dies die „Portmann-Phänomene", nämlich die These einer „extrauterinen Embryonalzeit", die bereits auf den Menschen als Geist-Wesen und somit auf ein Tier ganz besonderer Art[241] verweist:

238 Portmann A (1976) An den Grenzen des Wissens. Vom Beitrag der Biologie zu einem neuen Weltbild. Fischer, Frankfurt am Main: S. 57 ff.

239 Arregi A S (2020) Weltbezogenheit in der Erscheinung der Gestalt: Anthropologische Ästhetik ex negativo bei Adolf Portmann. Internationales Jahrbuch für philosophische Anthropologie 9 (1): S. 171–186, hier S. 180.

240 Portmann A (1965) Aufbruch der Lebensforschung. Rhein-Verlag, Zürich: S. 223.

241 Diese relationale Frage bezüglich Differenz und Schnittflächen zwischen Mensch und Tier, zwischen Zoologie und Anthropologie ist kontrovers. Dies betrifft die traditionsreichen Konstrukte des *Animal rationale* als lateinische Übersetzung des altgriechischen *Zoon logikon* oder auch des *Zoon politikon* als Lebewesen in der Polis als politische Gemeinschaft und verweisen uns auf die uralte Tradition der Debatten. Vgl. auch dazu Portmann A (1965) Aufbruch der Lebensforschung. Rhein-Verlag, Zürich: S. 246 f. Nietzsche diskutierte die Figur des Menschen als „soziales Tier". Und der sozialliberale und genossenschaftlich interessierte John Stuart Mill fragte, ob das Gesellschaftsmitglied ein unzufriedener Mensch oder ein zufriedenes Schwein sein will. Zur neueren Debatte vgl. u. a. Gabriel M (2022) Der Mensch als Tier. Warum wir trotzdem nicht in die Natur passen. Ullstein, Berlin; Bleif M (2021) Das Tier in uns. Die biologischen Wurzeln der Menschlichkeit. Klett-Cotta,

Gemeint ist ein weltoffenes, imaginierendes, mit der sozialen Umwelt über Sprache[242] interaktives Wesen: „Die Form bzw. Gestalt des Tieres sind weder bloßes Ergebnis noch Wirkung der Innenstrukturen (...), vielmehr artikulieren sie eine Beziehung zur Welt, nämlich einen Zusammenhang zwischen Innen und Außen (...). Demzufolge ist die Innerlichkeit des Tieres nach Portmann nicht von der Außenwelt radikal isoliert, sondern der Zugang zur Innerlichkeit der Tiere zeigt sich in deren jeweiligen Gestalt und der Ausdruck solchen Bezuges zeigt sich in der Erscheinung. (...) Dass der Ausdruckswert der Gestalt in der Erscheinung der Innerlichkeit liegt und dass das Außen und Innen in einem mittelbaren Zusammenhang stehen, sind zwei Grundgesetze von Portmanns Tiergestalt-Theorie."[243]

2. Im Studium – kulturelle Plastizität statt biologischer Verhaltensforschung

Die Anthropologie bei Leo Kofler[244] bahnte in uns Studierenden aber eine spezifische Sichtweise, weil dort die Anthropologie – und somit auch die biologische Ausstattung des Menschen – nur formale Voraussetzungen[245] sind, während entscheidend die historische Formbestimmtheit infolge der Vergesellschaftung des Menschen sei. Hier liegen offensichtlich gewisse kantianische Wurzeln in dieser quasitranszendentalen Sicht vor. Es bahnt aber mit Blick auf eine hinreichende Art und Weise des Verstehens des Menschen einen gewissen historischen Kulturalismus, wie ich es, wohl wissend um die Ambiguität des Begriffs in verschiedenen Diskursordnungen, nennen möchte: Leo Kofler war ja als humanistischer Marxist sehr kritisch eingestellt gegen einen Ökonomismus und gegenüber einem verkürzten (reduktionistischen) Verständnis einer Basis-Überbau-Modell-Theorie. Umso stärker interessierte er sich für eine subtilere Soziologie des Ideo-

---

Stuttgart. Mit Blick auf die Kultur-Natur-Relation vgl. auch in Delitz H, Nungesser F & Seyfert R (Hrsg) (2018) Soziologien des Lebens. Überschreitung – Differenzierung – Kritik. transcript, Bielefeld.

242 Kugler R (1967) Philosophische Aspekte der Biologie Adolf Portmanns. Exitio Academica, EVZ-Verlag Zürich: S. 63 ff., S. 5 ff. Vgl. auch Portmann A (1973) Vom Lebendigen. Suhrkamp, Frankfurt am Main: S. 169 ff.

243 Arregi A S (2020) Weltbezogenheit in der Erscheinung der Gestalt: Anthropologische Ästhetik ex negativo bei Adolf Portmann. Internationales Jahrbuch für philosophische Anthropologie 9 (1): S. 171–186, hier S. 182.

244 Vgl. dazu insb. Kofler Leo (1973) Aggression und Gewissen. Grundlegung einer anthropologischen Erkenntnistheorie. Hanser, München.

245 Vgl. auch Rittelmeyer C (2002) Pädagogische Anthropologie des Leibes. Biologische Voraussetzungen der Erziehung und Bildung. Juventa, Weinheim/München

logischen, war für psychoanalytische Aspekte einer Kritischen Theorie des entfremdeten Alltagsmenschen offen und hatte ohnehin auch einen Schwerpunkt in Sphären der sog. „Überbau"-Phänomene der Literatur und der Kunst überhaupt. Die literatursoziologischen Veranstaltungen waren von nachhaltig prägender Bedeutung. Von daher betrachtet war es nicht überraschend, dass die biologischen Verhaltensforschungen auf erhebliche Skepsis von mir trafen.

So wurden wir dahingehend sozialisiert, den Fokus unseres Menschen- und Weltbildes auf die Plastizität[246] – eine Kategorie, deren Erläuterung an einer Rezeption von Adolf Portmann kaum vorbeikommt – zu legen. Die Affinitäten zu einer ästhetischen Sozialtheorie der performativen (also Ausdrucksgestalt-bezogenen) Formfindung des Menschen[247] in seiner existenziellen Daseinsführung sind daher nicht sehr überraschend. Der spezifische und keineswegs ganz einfach auf den Begriff zu bringende Marxismus von Leo Kofler behinderte uns allerdings auch, tiefe Spuren in die Möglichkeitsräume einer praxeologischen Verknüpfung von dynamischer Phänomenologie, strukturaler Hermeneutik und generativer Semiotik menschlicher Praxis zu finden. Aber dies soll hier nicht das Thema sein, zumal ich diese Spurensuche – erfolgreich, wie ich meine – nachgeholt habe.

---

246 Schwarte J (2015) Die Plastizität des Menschen. Ergebnisoffenheit und Beeinflussbarkeit der Persönlichkeitsentwicklung. 2., aktual. Aufl. Nomos, Baden-Baden.

247 Dazu Arregi A S (2020) Weltbezogenheit in der Erscheinung der Gestalt: Anthropologische Ästhetik ex negativo bei Adolf Portmann. Internationales Jahrbuch für philosophische Anthropologie 9 (1): S. 171–186, hier S. 184. Und: „Als der Lehre von der sinnlichen Wahrnehmung von Erscheinungen wird der Ästhetik die Offenlegung der inneren Ordnung eines Lebewesens zugestanden, während sie der Biologie unzugänglich bleibt. Selbst wenn das Innere eines Organismus nach seinen inneren Gesetzen verborgen bleibt, tritt es durch die Gestalt ans Licht und lässt sich erkennen. Zugleich gilt, dass die Darstellungsformen der Gestaltung sämtlicher Lebewesen ihren inneren Bezug zur jeweiligen Umwelt verraten. Eine solche Erscheinung ist mithin nicht nur Erscheinung, sondern zugleich Darstellung des eigenen Bezugs zur Welt: Die Erscheinung ist die Selbstdarstellung, nämlich die spezifische Darstellung jedes einzelnen Lebewesens, das in seine Umwelt eingebunden ist." (S. 184) Vgl. auch Kugler R (1967) Philosophische Aspekte der Biologie Adolf Portmanns. Exitio Academica, EVZ-Verlag Zürich: S. 33 ff.

3. In der Universitätslaufbahn – Kristallisationen: Vom Keim zur Explikation als Wiederentdeckung

Im Studium gab es aber noch andere Lernkontexte, die für das Thema der vorliegenden Reflexion wichtig waren, mit Strömungen wie Hans Blumenberg oder Paul Ricœur bei AOR Dr. Ferdinand Brüngel. Aber auch in den Studien zur aristotelischen Politikphilosophie wurde mir schon früh klar, wie die *Paideia*, die für mich später dann zum Herzstück[248] meiner Ontoanthropologie des Personalismus der genossenschaftlichen Form werden sollte, in der Idee der Polis tief verankert angelegt war. Auch wurde mir ebenso klar, wie diese Einsicht im Modus der geschichtlichen Sittlichkeit (in Differenz zur idealistischen Moralität) bei Hegel (als – ich rezipierte damals auch die sogenannte Ritter-Schule – Aristoteles-Rezeption unter den Bedingungen der beginnenden Moderne) aufgehoben worden ist, aber konstitutiv wurde für die Hermeneutik der geschichtlichen Welt des Menschen bei Wilhelm Dilthey[249], womit dem (variantenreichen) sogenannten Historismus bleibende Bedeutung für eine wissenssoziologische Praxeologie zwischen Strukturalismus und Hermeneutik, die für mich in meiner Theorie der Methodologie der Methoden qualitativer Sozialforschung maßgeblich werden konnte, zukommt.

Diese Einsichten reichen aber über längere, nicht immer als Latenzen auf einer Ebene manifester Metareflexion von mir elaborierte Entwicklungszeiträume hinweg hinein in die Phase der letzten Jahre meiner interdisziplinären Werk-Systematisierung[250]. Mein entwicklungspsychologischer Zugang zur Sozialpolitiktheorie[251] verknüpft sich hierbei mit der gemein-

---

248 Bergson H (1948) Denken und schöpferisches Werden. Aufsätze und Vorträge. Hain, Meisenheim am Glan: S. 131, schrieb: „Ein Philosoph, der dieses Namens würdig ist, hat im Grunde immer nur eine einzige Sache im Auge gehabt."

249 Dazu auch Tolone O (2015) Helmuth Plessner und Adolf Portmann. Zur philosophischen Bestimmung des Menschen durch Exzentrizität und Frühgeburt. In Köchy K & Michelini F (Hrsg) (2015) Zwischen den Kulturen. Plessners „Stufen des Organischen" im zeithistorischen Kontext. Alber, Freiburg i. Br./München: S. 141–160, hier S. 156 f.

250 Schulz-Nieswandt F (2022) Der heilige Bund der Freiheit: Frankfurt – Athen – Jerusalem: eine Reise. Alber in Nomos, Baden-Baden.

251 Schulz-Nieswandt F (2016) Im alltäglichen Labyrinth der sozialpolitischen Ordnungsräume des personalen Erlebnisgeschehens. Eine Selbstbilanz der Forschungen über drei Dekaden. Duncker & Humblot, Berlin.

wirtschaftlichen Morphologie[252] des genossenschaftlichen Formprinzips[253] auf der Grundlage einer responsiven Phänomenologie der Gabe[254] (sehr geprägt durch die Bernhard Waldenfels-Rezeption, aber auch der neueren französischen Onto-Theo-Phänomenologie) in Verbindung mit einer psychodynamischen Sichtweise des Lebenszyklus[255] der menschlichen Lebensführung in der Endlichkeit[256] der Lebensspanne[257], deren Daseinsbewältigung ich im Rahmen meiner Auffassung von einer rekonstruktiven Sozialforschung[258] als poetische Strategie einer narrativen, mitunter mythopoetischen[259] Wissenschaft des sozialen Dramas des Alltagsmenschen aus der epistemischen Totalität seiner Zeitgeschichte heraus konzipiere.

In diesem komplexen Entwicklungskontext meiner akademischen Welt- und Menschenbildentwicklung entdeckte ich zuletzt wieder – aber nochmals viel expliziter als früher – das Werk von Adolf Portmann.

---

252 Schulz-Nieswandt F (2021) Gemeinwirtschaft. Grundriss einer Morphologie der dualen Wirtschaft. Duncker & Humblot, Berlin.

253 Schulz-Nieswandt F (2018) Morphologie und Kulturgeschichte der genossenschaftlichen Form. Nomos, Baden-Baden.

254 Schulz-Nieswandt F (2023) Onto-Poetik der responsiven Gabe. Alber in Nomos, Baden-Baden. Dazu auch Schulz-Nieswandt F & Micken S (2021) Die Gabe. Kulturgrammatischer Baustein und generative Form der genossenschaftsartigen Sozialgebilde. LIT, Berlin u. a. sowie Schulz-Nieswandt F, Micken S & Moldenhauer J (2022) Morphologie der Gabe. Fragmente einer hermeneutischen Gestaltlehre der Gabemechanismen. LIT, Berlin u. a.

255 Schulz-Nieswandt F, Köstler U & Mann K (2022) Gestaltwerdung als Gelingen der Daseinsführung im Lebenszyklus. Das Erkenntnisinteresse der Kritischen Wissenschaft von der „gerontologischen Sozialpolitik". Nomos, Baden-Baden.

256 Ziegler R H (2017) Elemente einer Metaphysik der Immanenz. transcript, Bielefeld. Vgl. auch Scholz A E (2021) Name und Erinnerung. Anthropologische und theologische Perspektiven auf Personalität und Tod. Evangelische Verlagsanstalt, Leipzig.

257 Schulz-Nieswandt F, Köstler U & Mann K (2022) Gestaltwerdung als Gelingen der Daseinsführung im Lebenszyklus. Das Erkenntnisinteresse der Kritischen Wissenschaft von der „gerontologischen Sozialpolitik". Nomos, Baden-Baden. Dazu auch Schulz-Nieswandt F, Köstler U & Mann K (2021) Sozialpolitik und ihre Wissenschaft. LIT, Berlin u. a.

258 Schulz-Nieswandt F u. a. (2022) Was ist „struk-jektive Hermeneutik"? Objektive Hermeneutik, Dokumentarische Methode der praxeologischen Wissenssoziologie und post-strukturale Kritische Theorie. Nomos, Baden-Baden sowie Schulz-Nieswandt F (2021) Rekonstruktive Sozialforschung als strukturale Hermeneutik. Eine dichte Grundlegung. Nomos, Baden-Baden.

259 Danzer G (2022) Tief ist der Brunnen der Vergangenheit. Mythos, Logos und Person. Springer, Wiesbaden.

Mich haben die Rezeption der personalen Anthropologie in ihrer sozialcharaktertheoretisch – auch Adolf Portmann[260] hat hier einen typologischen Beitrag vorgelegt – relevanten Betonung (1) der Strukturschichtung von Geist, Seele und Körper, (2) das Verständnis psychodynamischer Theorietraditionen für die Polaritätsstruktur menschlicher Entwicklungsdynamik, (3) die Lacan'schen Wurzeln der poststrukturalistischen Analysen habitualisierender Einschreibungspraktiken, (4) die Bataille'schen Spuren der Transgressivität und Selbsttranszendenz im Denken der Dispositivordnungen von Michel Foucault, sodann (5) die Gestalttheorie des Personalismus jenseits eines klassifikatorischen Vektorraums von Individualismus und Kollektivismus u. v. a. m. zu der Sichtweise geführt, den Menschen als Naturwesen – wie Karl Marx sagen würde: mit seiner inneren Natur im Kontext der äußeren Natur – zu verstehen, der aber einen spezifischen Unterschied *(differentia specifica)* zu anderen Lebenswesen der Natur aufweist: Er ist Geist-begabt, durchdrungen von der Möglichkeit einer pneumatischen Ordnung seiner Persönlichkeit als Strukturschichtung von Geist, Seele und Körper. Das – oftmals dualistische – Verhältnis von Seele und Körper wird zur vermittelten Triade erweitert. Der psychische Apparat in der Freud'schen Tradition, hier aber synkretistisch im Lichte späterer Weiterentwicklungen der psychoanalytischen Theorie von Kultur und Individuum modelliert, zentriert das „Ich" (als equilibratives Selbst-Ideal-Konzept: quais als Erde zwischen Himmel und Hölle) zwischen dem gesellschaftlichen Ich-Ideal im „Über-Ich" (in der oberen Etage: quasi als Himmel) einerseits und dem „Es" als Ökonomik der Begierde der Objektbesetzungen (in der unteren Etage: quasi als Hölle) des Gebäudes der menschlichen Persönlichkeit andererseits. Aber drehen wir diese Vertikalachse der inkorporierten Dualität von Himmel und Hölle mit der Übergangsmitte der Erde des Dramas des Menschen mit der Möglichkeit der *analogia entis* einerseits und des *homo abyssus* andererseits in die Horizontalrichtung als seelischer Ort eines Kräftefeldes, so ist es der auf die Sinn-Suche des Menschen in der Geschichte angelegte Geist, der die Bahnen vorgibt, indem die Seele zum Schauplatz der menschlichen Natur wird.

Anders formuliert: Die Drei-Ebenen-Vertikale wird zur Polaritätsstruktur der seelischen Ordnung der Natur des Menschen horizontalisiert, um sodann die geometrische Form im Sinne einer „euklidischen Triangel"

260 Portmann A (1958) Don Quijote und Sancho Pansa. Vom gegenwärtigen Stand der Typenlehren. Reinhardt, Basel.

anzunehmen, wobei die verschiedenen Formen auch Ausdruck von charakterneurotischen Verstiegenheiten sein können.

Der Mensch ist demnach ein Naturwesen, von Wachstum und Formwerdung, von Zerbrechlichkeit und Endlichkeit, von einer plastizitätsgeprägten Lebensspanne zwischen Entstehung, Geburt und Tod[261] bestimmt. Aber als Naturwesen ist es von Geist erfüllt, kann sich selbst zum Gegenstand der Reflexion (im Sinne der exzentrischen Positionalität[262]) machen, ist Teil des Allzusammenhangs der Natur, aber mit seiner eigenen inneren Natur fähig zur reflexiven Differenz innerhalb der Einheit des Kosmos, in dem der Mensch zugleich eingestellt ist. Gerd von Wahlert formuliert treffsicher: Adolf Portmann „sieht den Menschen als Einheit, zugleich Glied der Natur und von ihr eigenständig abgesondert".[263] Und in der wissenschaftlichen Reflexion dieser eigentümlichen Relation ist Platz für Ehrfurcht und für Geheimnisse.[264] Zur Universitätsreform gehört auch, dass Wissenschaft keine *l'art pur l'art*-Veranstaltung ist, sondern Verantwortung für das geschichtliche Schicksal der Menschen mitträgt.[265] An dieser Stelle darf ich den Eindruck einschieben, dass meine frühe Präferenz als Gymnasiast, Biologie und Sozialwissenschaft für das Lehramt der Sekundärstufe II kombiniert zu studieren, vielleicht – unbewusst – diese meine analoge Neigung zur Ausdrucksgestalt brachte. Dann hängen auch Denken und Handeln zusammen. Adolf Portmann, der ja von der Jugendbewegung geprägt war,[266] sah in der Jugend – wohlwissend um die Notwendigkeit entsprechender öffentlicher Erziehungsaufgaben[267] – Keime einer nachhaltig neuen Richtung

---

261 Portmann A (1976) An den Grenzen des Wissens. Vom Beitrag der Biologie zu einem neuen Weltbild. Fischer, Frankfurt am Main: S. 119 ff.

262 Tolone O (2015) Helmuth Plessner und Adolf Portmann. Zur philosophischen Bestimmung des Menschen durch Exzentrizität und Frühgeburt. In Köchy K & Michelini F (Hrsg) (2015) Zwischen den Kulturen. Plessners „Stufen des Organischen" im zeithistorischen Kontext. Alber, Freiburg i. Br./München: S. 141–160, hier S. 144.

263 Wahlert G von (1972) Adolf Portmann. Versuch einer Würdigung. Reinhardt, Basel: S. 56.

264 Vgl. auch Schürmann V (2014) Die Unergründlichkeit des Lebens. Lebens-Politik zwischen Biomacht und Kulturkritik. transcript, Bielefeld.

265 Wahlert G von (1972) Adolf Portmann. Versuch einer Würdigung. Reinhardt, Basel: S. 56.

266 Illies J (1981) Adolf Portmann. Ein Biologe vor dem Geheimnis des Lebendigen. Herder, Freiburg i. Br. u. a.: S. u. a. S. 96.

267 Portmann A (1976) An den Grenzen des Wissens. Vom Beitrag der Biologie zu einem neuen Weltbild. Fischer, Frankfurt am Main: S. 114 ff.

menschlicher Daseinsgestaltung verkörpert.[268] Die Lektüre von Hermann Hesse[269] – dazu wäre in Bezug auf das Werk von Hesse[270] in der Tat eine tiefere psychodynamische Analyse möglich – könne hier das Erleben eines neuen Zaubers auslösen. Der Welt der Maschinen – eine wichtige Metapher[271] in der kritischen Kulturdiagnose der technischen Zivilisation[272] – hält er (komplementär und integrativ[273]) auch den Zauber der geistigen Tiefe der Durchdringung des menschlichen Daseins im Kosmos entgegen. Adolf Portmann nimmt sogar manche neuere Theorie der Pathologie der Zeit (etwa im Modus von Beschleunigungs-Dispositiven in der sozialen Wirklichkeit) vorweg, wobei die Klärung der Beziehung der Zeitaufteilung zwischen Arbeit, Konsum, Freizeit und Muße schon ein älteres Thema der Sozialkritik und der sozialkonservativen Kulturdiagnostik darstellt.

Wenn Leben definiert wird als ein Sammelbegriff für eine Vielzahl materieller Erscheinungen (die wiederum als autopoietische[274] Systeme definiert werden) in der Natur, die sich in einem ständigen, geregelten Austausch von Energie, Materie und Informationen befinden, so gilt dies auch für den Menschen. Die hier nun bedeutsame Frage ist, was sich verändert, wenn die Information selbstreflexiv verarbeitet wird von einer Instanz im Organismus, der zur transaktionalen Metareflexion fähig ist, also sich selbst im Verhältnis zur Umwelt, in der er eingestellt ist, auch normativ

268 Wahlert G von (1972) Adolf Portmann. Versuch einer Würdigung. Reinhardt, Basel: S. 57.

269 Dazu auch in Illies J (1981) Adolf Portmann. Ein Biologe vor dem Geheimnis des Lebendigen. Herder, Freiburg i. Br. u. a.: S. 64 ff., 97 f.

270 Vgl. Ball H (1985) Hermann Hesse. Sein Leben und sein Werk. 16. Aufl. Suhrkamp, Frankfurt am Main sowie Decker G (2013) Hermann Hesse. Der Wanderer und sein Schatten. Biographie. 3. Aufl. Suhrkamp, Frankfurt am Main; Freedman R (1999) Hermann Hesse. Autor der Krisis. Eine Biographie. 4. Aufl. Suhrkamp, Frankfurt am Main; Limberg M (2005) Hermann Hesse. 2. Aufl. Suhrkamp, Frankfurt am Main; Mileck J (1987) Hermann Hesse. Dichter, Sucher, Bekenner. Eine Biographie. Suhrkamp, Frankfurt am Main. Vgl. dazu auch Bieliková M (2007) Bipolarität der Gestalten in Hermann Hesses Prosa. Die Romane „Demian" und „Der Steppenwolf" vor dem Hintergrund der daoistischen Philosophie. Kovac, Hamburg sowie Bieliková M (2012) Hermann Hesse und das Fremde: Der Einfluss der indischen Geistigkeit auf das Schaffen Hermann Hesses. Kovac, Hamburg.

271 Ich habe in verschiedenen Abhandlungen über die Maschinenmetapher gehandelt und will dies hier nicht nochmals vertiefen.

272 Habermas J (1968) Technik und Wissenschaft als „Ideologie". 22. Aufl. Suhrkamp, Frankfurt am Main.

273 Auch in Portmann A (1955) Ein Naturforscher erzählt. Reinhardt, Basel: S. 66 f.

274 Maturana H R (2009) Der Baum der Erkenntnis. Die biologischen Wurzeln menschlichen Erkennens. 3. Aufl. S. Fischer, Frankfurt am Main.

– auf das WIE des WAS und auch die (zunehmend rechtlich[275] gefasste) Geltung des WAS abstellend – zu reflektieren und im Innenraum wie auch transaktional im Außenraum zu kommunizieren. Die Gene[276] der DNA stehen selbst in Wechselwirkung zu den anregenden Umwelten.[277] Erst aus dieser kooperativen Entwicklung entsteht der Geist, der als Potenzial[278] aber im menschlichen Naturwesen *a priori* verborgen ist – dies gehört zu den „verborgenen Verflechtungen"[279], auf deren Spuren[280] Adolf Portmann suchend[281] war. Nichts kann sich entwickeln, wenn ein solches Potenzial nicht vorausgesetzt wird.

Man kann dieses Gedankengebäude nochmals anders – in schöner Sprache – mitgeteilt und erläutert bekommen, wenn wir uns das Vorwort von Rudolf Bilz zur „Theoretische(n) Biologie" von Jakob von Uexküll[282] anschauen. Ich will hier nicht lange Passagen zitieren. Aber es muss festgehalten werden: Hier wird das transaktionale Modell der Wechselwirkung zwischen Organismus und Umwelt als Spiel von Innen und Außen, von Programmcode, Potenzial, Reifung und Aktualisierung thematisiert. Und hierbei spielt auch eine „gewisse Musikalität" immaterieller Faktoren (S. VII im Vorwort) eine Rolle. Und auch die kohäsionsartige Passungsoptimalität in der Schema-Entsprechung von Organismus und Umwelt wird zum Thema (S. IX f.). Damit ist der Weg der Theoretischen Biologie (hier vor allem als „Fachzoologie"[283]) – über die „Gestaltforschung"[284] – zur Anthro-

---

275 Lampe E-J (2022) Historiogenese des Rechts. Der Beitrag des Rechts zur sozialen Evolution des Menschen (Historische Rechtsanthropologie). Duncker & Humblot, Berlin.

276 Dazu auch Schmidt K (2013) Was sind Gene nicht? Über die Grenzen des biologischen Essentialismus. transcript, Bielefeld.

277 Bauer J (2010) Das kooperative Gen. Evolution als kreativer Prozess. Heyne, München.

278 Mörz St (2011) Die Bedeutung des Potenzialbegriffs für die Pädagogik. Diplomarbeit. Universität Wien.

279 Wahlert G von (1972) Adolf Portmann. Versuch einer Würdigung. Reinhardt, Basel: S. 14 f.

280 Krämer S, Kogge W & Grube G (Hrsg) (2016) Spur. Spurenlesen als Orientierungstechnik und Wissenskunst. 2. Aufl. Suhrkamp, Frankfurt am Main.

281 Bloch E (2016) Spuren. Suhrkamp, Frankfurt am Main.

282 Uexküll J J (1973) Theoretische Biologie. Suhrkamp, Frankfurt am Main.

283 Illies J (1981) Adolf Portmann. Ein Biologe vor dem Geheimnis des Lebendigen. Herder, Freiburg i. Br. u. a.: S. 135 ff.

284 Illies J (1981) Adolf Portmann. Ein Biologe vor dem Geheimnis des Lebendigen. Herder, Freiburg i. Br. u. a.: S. 159 ff.

pologie[285] als Lehre von der „Sonderstellung des Menschen", der dennoch ein Naturwesen bleibt, aber eben ein mit Geist erfülltes Naturwesen ist, gebahnt (XI): Umwelt und Leiblichkeit des Menschen – eingewoben in diese Textur – stellen in ihrer Wechselwirkung eine Ganzheit des Zusammenspiels dar. Und aus dieser Anthropologie des Naturwesens mit geistiger Sonderstellung geht im Werk von Adolf Portmann noch ein weiterer Wachstumsring aus: die politisch[286] gehaltvolle kritische Kulturdiagnostik der technischen Zivilisation mit kapitalistischer Formbestimmtheit.

Da wir an diesem Punkt zum Menschen als Naturwesen mit Geist kommen, wird es umso mehr von Bedeutung sein, dass nun Rudolf Bilz schreibt: Der Mensch sei „das Lebewesen, das des Wahns fähig ist" (S. XI). Rudolf Bilz zählt neben den psychiatrisch fassbaren Formen auch „den kapitalistischen Fortschrittsaberglauben" dazu, „der unsere Umwelt ruiniert." (S. XI).

Rudolf Bilz hat wohl recht, wenn er den Satz von Jakob von Uexküll, alle Wirklichkeit sei subjektive Erscheinung, als Korrespondenz des „Ding an sich" und des Neuro-Sensoriums des Subjekts versteht. Mit Blick auf die Kohäsionssuche des Ganzen von Welt und Subjekt kommt es zu Selbstregulierungsstrategien, so auch z. B. zu der von Rudolf Bilz angeführten apotropäischen Hygiene-Angst[287]. Vielerlei Phänomene wie Depression oder manischer Größenwahn, aber auch Selbstdemütigung statt Hybris usw. sind möglich. Die Reifung des Menschen ist eigentlich fixiert auf die Idee der „Freiheit der selbstkritischen Persönlichkeit" (S. XXIII). Doch mit dem Lernen[288] ist es nicht so leicht: Der Mensch neigt auch zur Verdrängung, was das Erinnerungsvermögen im Gedächtnis selektiv ausgestaltet. Rudolf Bilz schließt mit einem Bezug auf Goethe, wonach die Haltung einer „heiteren Vernunftfreiheit" ein wünschbares Reifungsziel wäre. Man sieht, welch polyphones Potenzial die *conditio humana* vorhält. Das Spektrum wird bei Rudolf Bilz zwischen Wahn und heiterer Vernunft aufgespannt.

---

285 Illies J (1981) Adolf Portmann. Ein Biologe vor dem Geheimnis des Lebendigen. Herder, Freiburg i. Br. u. a.: S. 182 ff.

286 Illies J (1981) Adolf Portmann. Ein Biologe vor dem Geheimnis des Lebendigen. Herder, Freiburg i. Br. u. a.: S. 115 ff.

287 Vgl. auch Schulz-Nieswandt F (2020) Zur Bedeutung der Psychodynamik für die Sozialpolitik des Alter(n)s in Forschung und reflexiver Praxis. Psychotherapie im Alter 17 (3): S. 355–365.

288 Hof Chr & Rosenberg H (Hrsg) (2018) Lernen im Lebenslauf. Theoretische Perspektiven und empirische Zugänge. Springer VS, Wiesbaden.

Wagen wir es doch, dieses Zusammenspiel in der Begriffswelt der klassischen (aristotelischen) Metaphysik[289] zu formulieren. Dabei ist – so sieht es Edith Stein[290] – das Potenzial existent und dennoch noch nicht wirklich da. Es ist beides: Modalität und ein Noch-Nicht. Einen solchen Bezug zur modallogischen Geschichtsphilosophie von Ernst Bloch[291] als dynamische Prozessontologie[292] der Formwerdung hebt Gerd von Wahlert hervor.[293] Damit verknüpft sich die „basale Anthropologie“[294] von Adolf Portmann durch die Entdeckung der ethischen Dimension mit der Frage (nicht automatisch auch mit der Antwortfindung) nach dem Telos des geschichtlichen Menschen.[295]

Das Potenzial (die *Potenz*) ist die noch nicht realisierte Möglichkeit, wobei aber ein Vermögen *(dynamis)*, definiert als dispositive Fähigkeit, besteht. Der *Akt* (als Prozess der Aktualisierung) ist sodann die Verwirklichung (das Werden) dieser Möglichkeit. Entelechie bezeichnet damit die Eigenschaft eines Gebildes, das Ziel *(Telos)* der Entwicklung modallogisch inkorporiert zu haben, aber auch die Reifung über das Werden durch Metamorphosen. Das Wirklich-Werden des Potenzials als Reifung des Telos ist nicht ohne *Energeia* zu denken. Damit wird die Form-Frage, die Adolf Portmann in das Zentrum seines Denkens rückt, in doppelter Weise zu begreifen sein: Es ist die Energie, als wirkursächliche Kraft zum Wirklich-

289 Vgl. auch Stein E (2008) Potenz und Akt. Studien zu einer Philosophie des Seins. Herder: Freiburg i. Br.

290 Jani A (2015) Edith Steins Denkweg von der Phänomenologie zur Seinsphilosophie. Königshausen & Neumann, Würzburg. Vgl. auch Stein E (1950) Endliches und ewiges Sein. Herder, Freiburg i. Br.

291 Bloch E (1923) Geist der Utopie. Paul Cassirer Verlag, Berlin sowie Bloch E (1985) Das Prinzip Hoffnung. Suhrkamp, Frankfurt am Main.

292 Vgl. auch Wiehl R, Holzhey H & Rust A (Hrsg) (1990) Natur, Subjektivität, Gott. Zur Prozeßphilosophie Alfred N. Whiteheads. 2. Aufl. Suhrkamp, Frankfurt am Main. Ferner Fetz R L (2020) Die Wirklichkeit der Wirkwesen. Grundlegung einer organismischen und strukturgenetischen Wirklichkeitskonzeption. Alber, Freiburg i. Br./München.

293 Wahlert G von (1972) Adolf Portmann. Versuch einer Würdigung. Reinhardt, Basel: S. 43.

294 Kugler R (1967) Philosophische Aspekte der Biologie Adolf Portmanns. Exitio Academica, EVZ-Verlag Zürich: S. 76 ff., S. 79 ff.

295 Wahlert G von (1972) Adolf Portmann. Versuch einer Würdigung. Reinhardt, Basel: S. 47 f.

Werden, aber eben auch Entelechie als Telos, das sodann in der Ausdrucksgestalt geworden ist.[296]

Ich denke, dass der Zusammenhang[297] von Wachstum, Entwicklung und Programmkeim durchaus auch den Kern der hermeneutisch verfahrenen erklärenden „Biologie des Unsichtbaren" bei Adolf Portmann das Wesen seiner Forschungen ausmacht. Dabei löst sich das Problem nicht auf in der Kausalität der Disziplinen der Chemie und der Physik und in einem Funktionalismus aller Phänomene als Bausteine der Morphologie mit Blick auf die Ganzheit der Sinnstruktur, die auch Raum hat für eine ästhetische Wertung der Erscheinungen[298] im Rahmen der Morphologie.

Es kommt dann – ohne hier nun die strukturgenetischen Theoriegebäude[299] näher zu erläutern – zu einer kognitiven[300] und moralischen[301] Stufen-Komplex-Bildung, weil Prädikationen von positiven „Es gibt"-Aussagen mit normativen „Es soll"-Aussagen verknüpft werden und ein System binärer Codes ausgebildet wird, deren Archetypus[302] das Gute und das Böse, sodann auch andere zur sozialgeometrischen[303] Komplexbildung korrelationsfähige binäre Codes (gesund/krank, schön/hässlich, jung/alt, Frau/Mann, oben/unten, rechts-links, vergangen/zukünftig etc.) ordnungs-

296 Illies J (1981) Adolf Portmann. Ein Biologe vor dem Geheimnis des Lebendigen. Herder, Freiburg i. Br. u. a.: S. 90 f., 92.

297 Kugler R (1967) Philosophische Aspekte der Biologie Adolf Portmanns. Exitio Academica, EVZ-Verlag Zürich: S. 11 f.

298 Kugler R (1967) Philosophische Aspekte der Biologie Adolf Portmanns. Exitio Academica, EVZ-Verlag Zürich: S. 24 ff.

299 Fetz R L (2020) Strukturgenetische Anthropologie. Menschsein und Personwerden. Alber, Freiburg i. Br./München; Bohmann G & Niedenzu, H-J (2020) Historisch-Genetische Theorie. Springer VS, Wiesbaden. ferner Oesterdiekhoff G W (2009) Die geistige Entwicklung der Menschheit. Velbrück, Weilersweist sowie Niedenzu H-J & Bohmann G (2021) Zur Aktualität von Günter Dux. Springer VS, Wiesbaden.

300 Scharlau I (2013) Jean Piaget zur Einführung. 3., überarb. Aufl. Junius Verlag, Hamburg; Ginsburg H & Opper S (2004) Piagets Theorie der geistigen Entwicklung. 9. Aufl. Klett-Cotta, Stuttgart.

301 Becker G (2012) Kohlberg und seine Kritiker. Die Aktualität von Kohlbergs Moralpsychologie. VS, Wiesbaden sowie Garz (2015) Lawrence Kohlberg zur Einführung. 2., korr. Aufl. Junius Verlag, Hamburg.

302 Roesler Chr (2014) Das Archetypenkonzept C. G. Jungs im Lichte aktueller Erkenntnisse aus Neurowissenschaften, Humangenetik und Kulturpsychologie. Recherches germaniques HS 9: S. 163–189.

303 Schulz-Nieswandt F, Micken S & Moldenhauer J (2023) Zur sozialen Geometrie der Selbsthilfe. Eine Morphologie zwischen Innenraum, liminalem Hybridraum und Öffnungsraum als „Commoning". LIT, Berlin.

bildend[304] (Raumordnungen, Zeitordnungen, Geschlechterordnungen, ästhetische Ordnungen, politische Ordnungen etc.) zu einer kulturgrammatischen Textur verwoben werden. Damit wird nicht nur Kontingenz[305] der Welt erfahren, sondern auch mit Blick auf die Gestaltung als organisatorische Regime des Umgangs mit Kontingenz erlebbar. Insofern war der Sinn-nachfragende Archetypus des *homo religiosus* von Anbeginn an mit dem Aufkommen der Rechtfertigungsproblematik beschäftigt. Religion[306] organisierte sich als politische Theologie (Entstehung von Sakralkönigtum und Priesterelite), und die Kommunikation mit den Göttern des *homo religious* differenzierte sich im Modus des „do ut des"-Prinzips[307] transaktionaler Reziprozität in den Formen der Kommunikationsprozesse[308] (Opferkult, Gebet, Klagelieder) und mittels neuer medialer Figuren der Botschaftsvermittlung (Propheten, Engel etc.).[309]

Diese Geistesentwicklung ist Teil des Entelechie-Potenzials des Menschen als Naturwesen, hebt ihn – so hat es explizit Adolf Portmann gesehen – aber ab von tierischen Formen der Existenzfristung und qualifiziert den Menschen[310] als Fähig-Sein zur Daseinsführung: Leben mit Geist als Gestaltung[311] des Daseins: „Die Gestalt und ihr Werden, die Gestaltung, sind ja zentrale Themata der Lebensforschung."[312] Für den Menschen gilt: Er

304 Legendre P (2012) Über die Gesellschaft als Text. Grundzüge einer dogmatischen Anthropologie. Turia + Kant, Wien. Vgl. u. a. dazu auch Hackbarth S (2014) Pierre Legendres „dogmatische Anthropologie". Subjektkonstitution im Medium des Blicks. Turia + Kant, Wien/Berlin.

305 Holzinger M (2007) Kontingenz in der Gegenwartsgesellschaft. Dimensionen eines Leitbegriffs moderner Sozialtheorie. transcript, Bielefeld.

306 Bellah R N (2021) Der Ursprung der Religion. Vom Paläolithikum bis zur Achsenzeit. Herder, Freiburg i. Br.

307 Dies ist ein Theorem aus der klassischen Religionsphänomenologie. Vgl. in Widengren G (1969) Religionsphänomenologie. De Gruyter, Berlin sowie in Leeuw G van der (1977) Phänomenologie der Religion. Mohr Siebeck, Tübingen.

308 Neu R (2010) Das Mediale. Die Suche nach der Einheit der Religionen in der Religionswissenschaft. Kohlhammer, Stuttgart.

309 Zu all diesen Kategorien gibt es eine umfangreiche Forschungsliteratur. Vgl. neben TRE, RGG und LthK u. a. Cancik H u. a. (Hrsg) (1988–2001) Handbuch religionswissenschaftlicher Grundbegriffe. 5 Bde. Kohlhammer, Stuttgart. Vgl. ferner auch Eliade M & Culianu I P (2010) Handbuch der Religionen. Verlag der Weltreligionen, Berlin.

310 Dazu auch Haderlein C (2009) Individuelles Mensch-Sein in Freiheit und Verantwortung. Die Bildungsidee Edith Steins. University of Bamberg Press, Bamberg.

311 Dazu insb. Portmann A (1965) Aufbruch der Lebensforschung. Rhein-Verlag, Zürich: S. 148 ff.

312 Portmann A (1965) Aufbruch der Lebensforschung. Rhein-Verlag, Zürich: S. 148.

muss das „*Leben führen – nicht nur fristen*".[313] Und: „Der Mensch kann sein Dasein nicht ohne Sinngebung führen."[314] Dabei kann die Wissenschaft den für die gelingende Daseinsführung notwendigen Lebenssinn nicht geben.[315]

Die Hirn-funktionalen Aktivitäten sind m. E. die biotranszendentale[316] Voraussetzung für die geistige Tätigkeit. Aber das Hirn umfasst nicht die hinreichende Bedingung. Die geistige Tätigkeit ist an die Hirntätigkeit organisch gebunden und somit selbst Teil der Evolution des Menschen. Doch das Theorem des sekundären Nesthockers mit einer extranuterinen Embryonalphase zeigt, dass erst die aktualisierende Transaktionalität des biologischen Menschen mit seiner sozialen Umwelt[317], in der er als Mit-Weltlichkeit eingestellt ist, das Naturwesen mit Geist zum Werden bringt. Das Phänomen der Kultur ist Teil des Naturwesens, aber das Gehirn wächst erst durch die kommunikative Relation zur Kultur in der Geschichtlichkeit ihrer Entwicklung. Kultur ist nun aber der objektive Geist, der entsteht, weil die Menschen als Naturwesen mit Geist im Miteinander wirksam werden. Kultur ist das Gewebe der vergesellschafteten Individuen, die infolge ihrer Natur-Verfassung ihren Geist einbringen in die geschichtliche Entwicklung der Daseinsgestaltung, womit jedes Individuum zu einer eigenen Ausdrucksgestalt wird.

Wenn das Selbst der menschlichen Person eine Emergenz[318] des Hirns sein sollte, dann eben nur mit Blick auf das Hirn als notwendige Voraussetzung. Hinreichend ist diese Erklärung nicht. Der Mensch hat Geist im Sinne der Entelechie, entwickelt seinen Geist als Kulturwesen als sekundärer Nesthocker.

Die verschiedenen Strömungen der modernen Philosophischen Anthropologie mögen sich in der Akzentuierung innerhalb dieses Spannungsbogens zwischen Einheit und Differenz – ein Bewusstseinsentwicklungspro-

---

313 Portmann A (1973) Vom Lebendigen. Suhrkamp, Frankfurt am Main: S. 154 (kursiv auch im Original).

314 Portmann A (1973) Vom Lebendigen. Suhrkamp, Frankfurt am Main: S. 156.

315 Portmann A (1973) Vom Lebendigen. Suhrkamp, Frankfurt am Main: S. 163.

316 Wahlert G von (1972) Adolf Portmann. Versuch einer Würdigung. Reinhardt, Basel: S. 32.

317 Dornes M (2015) Der kompetente Säugling. 16. Aufl. Fischer, Frankfurt am Main; Dornes M (2013) Die frühe Kindheit. 10. Aufl. Fischer, Frankfurt am Main; Dornes M (2014) Die emotionale Welt des Kindes. 6. Aufl. Fischer, Frankfurt am Main.

318 Greve J & Schnabel A (Hrsg) (2011) Emergenz. Zur Analyse und Erklärung komplexer Strukturen. 3. Aufl. Suhrkamp, Frankfurt am Main. Ferner Schwarz M (2016) Geschichten vom Ganzen. Studien zur Emergenz von „Emergenz". Nomos, Baden-Baden.

zess, den man in Homers Werk[319] beobachten kann, wenn die tragischen Helden sich im Schicksalszusammenhang des Waltens der Götter eingebettet verstehen, zugleich aber von ersten Spuren einer Subjektwerdung als Suche nach Freiheitsgraden geprägt sind, eine langsame Entwicklung, die sich an dem Formwandel der Tragödie von Aischylos, Sophokles und Euripides ablesen lässt – lokalisieren lassen. Den Schlüssel hat die theoretische Biologie von Jakob von Uexküll[320] – die internationale Forschungsliteratur zu Jakob von Uexküll[321] ist breit angewachsen[322] – erarbeitet: Der Mensch steht als Organismus in einem sozioökologischen Kontext (von Natur, Technik[323] und Sozialwelt) in einem Kreislauf des Merkens (der Umwelt) und des Wirkens (auf diese Umwelt) und verändert sich dabei selbst.

Scheler, Gehlen und Plessner waren sich wohl einig: „Alle Lebensformen außer dem Menschen stehen in einer unmittelbaren geschlossenen Beziehung zu ihrer Umwelt. Nur dem Menschen ist das Vorrecht eines offenen Bezugs zur Welt eingeräumt. Demgegenüber schrieb Portmann dem Menschen keine absolut offene Weltbeziehung zu, so wie den Tieren keine absolute Umweltgeschlossenheit. Er stellte die These auf, dass sowohl die geschlossene Weltbeziehung der Tiere zu ihrer Umwelt als auch die offene Weltbeziehung der Menschen zu ihrer Weltlichkeit relativ seien."[324]

Durch sein Selbst ist er – wie ein Phänomen der Faltung[325] – ein eigener Innenraum als Außenraum im allumfassenden Innenraum, der als

---

319 Dazu auch in Schulz-Nieswandt F (2023) Onto-Poetik der responsiven Gabe. Alber in Nomos, Baden-Baden.

320 Vgl. insbesondere Mildenberger F (2007) Umwelt als Vision. Leben und Werk Jakob von Uexkülls (1864–1944) Steiner, Stuttgart; Mildenberger F & Herrmann B (Hrsg) (2014) Uexküll. Umwelt und Innenwelt der Tiere. Springer, Berlin und sodann Brentari C (2018) Jakob von Uexküll. The Discovery of the Umwelt between Biosemiotics and Theoretical Biology. Springer Netherland, Berlin u. a. sowie ferner Kull K (2001) Jakob von Uexküll: An introduction. Semiotica 134: S. 1–59, und Wuketits F M (2014) Jakob von Uexküll (1864–1944) und die Entdeckung der Umwelt. Naturwissenschaftliche Rundschau 67: S. 397–404.

321 Zur Einführung vgl. Kull K (2001) Jakob von Uexkuell: An introduction. Semiotica 134 (1–4): S. 1–59.

322 Kull K (2020) Uexküll studies after 2001. Sign System Studies 48 (2/4): S. 83–509.

323 Vgl. auch Tolone E (2012) Adolf Portmann: the expressive function of technique. Etica & Politica / Ethics & Politics, XIV (1): S. 230–243.

324 Arregi A S (2020) Weltbezogenheit in der Erscheinung der Gestalt: Anthropologische Ästhetik ex negativo bei Adolf Portmann. Internationales Jahrbuch für philosophische Anthropologie 9 (1): S. 171–186, hier S. 182.

325 Dazu auch in Schulz-Nieswandt F (2016) Hybride Heterotopien. Metamorphosen der „Behindertenhilfe". Ein Essay. Nomos, Baden-Baden.

Außenraum des je eigenen Selbst-Innenraums erfahrbar ist. Es handelt sich ontologisch um eine Einheit mit inneren Differenzen, aber auch hybriden Dynamiken der Übergänge. Hier wurzelt die große Schwierigkeit, das Verhältnis der begrifflichen Klassifikationskategorien der Natur und der Kultur in ihrer Dialektik von „Einheit der Einheit und Differenz" angemessen zu verstehen. Dies wird im Werk von Adolf Portmann die zentrale These sein: Dergestalt „ist für die Lebewesen die Bindung der Organismen an die Welt kennzeichnend". So „ist die Weltbeziehung der höheren Organisationsstufen durch einen deutlichen Zusammenhang von Innen und Außen geprägt, das heißt, der inneren Organisation und der äußeren Erscheinung. Selbst wenn die innere Struktur verborgen bleibt, ist die Gestalt eine Art von Veräußerlichung der Innerlichkeit. (...) Allerdings ist es der wichtigste Beitrag Portmanns zur philosophischen Anthropologie, dass er die Bindung an die Umwelt als Grundbestimmung des Lebens eines Wesens feststellt. Die Forschung über das Leben soll insofern die Beziehungen der Organismen[326] zu ihrer Umwelt untersuchen."[327] Die Lebewesen realisieren – auch, nicht nur[328] – eine „Selbstdarstellung"[329]: „Damit attestiert Portmann der Gestalt eine ästhetische Dimension. Dies betrifft alle Lebewesen, von denen sich eine Form, eine Gestalt erkennen lässt."[330]

Dabei ist – dies ist die „zu problematisierende Problematik" in der Begrifflichkeit und Konzeptsystematik bei Arnold Gehlen – die Kultur eben einerseits Teil der Natur des Menschen, andererseits aber durch den Geist, der den Menschen in der transaktionalen Ordnung von Organismus und Umwelt organisiert, wiederum „gesondert", also doch eine eigenständige Stufe der Entwicklung im Kosmos einnehmend. Diese eigentümliche Ge-

326 Portmann A (1965) Aufbruch der Lebensforschung. Rhein-Verlag, Zürich: S. 18.

327 Arregi A S (2020) Weltbezogenheit in der Erscheinung der Gestalt: Anthropologische Ästhetik ex negativo bei Adolf Portmann. Internationales Jahrbuch für philosophische Anthropologie 9 (1): S. 171–186, hier S. 183.

328 Portmann A (1955) Ein Naturforscher erzählt. Reinhardt, Basel: S. 68.

329 Portmann A (1965) Aufbruch der Lebensforschung. Rhein-Verlag, Zürich: S. 19. Dazu auch Tolone O (2015) Helmuth Plessner und Adolf Portmann. Zur philosophischen Bestimmung des Menschen durch Exzentrizität und Frühgeburt. In Köchy K & Michelini F (Hrsg) (2015). Zwischen den Kulturen. Plessners „Stufen des Organischen" im zeithistorischen Kontext. Alber, Freiburg i. Br./München: S. 141–160, hier S. 144. Nun auch Jaroš F & Klouda J (Hrsg) (2021) Adolf Portmann. A Thinker of Self-Expressive Life. Springer International Publishing, Berlin u. a.

330 Arregi A S (2020) Weltbezogenheit in der Erscheinung der Gestalt: Anthropologische Ästhetik ex negativo bei Adolf Portmann. Internationales Jahrbuch für philosophische Anthropologie 9 (1): S. 171–186, hier S. 184.

webestruktur ist tatsächlich wohl nicht hinreichend als Dualismus von Natur und Kultur[331] zu verstehen. Hier war auch das orthodoxe Modell von Über-Ich und Es bei Freud eine Verarbeitung seiner Konfrontation mit dem judeo-christlichen anthropologischen Weltbild-Dualismus von Gut und Böse, Freiheit und Ordnung, Moral und Spünde, Genialität und scheiternder Verfehlung, die zugleich von der Idee einer souveränen[332] Ich-Balance getragen wurde, die die Polaritätsstruktur menschlicher Existenz (auf hohem humanistischen Niveau elaboriert in der theologischen Anthropologie von Romano Guardini[333]) nicht auflöst, aber zur Entspannung bringt, mich dabei – paradigmatisch – an die bipolare Psychodynamik in der Lebensgeschichte von Hermann Hesse und den entsprechenden Daseinsthemen seines Werkes erinnernd.[334]

Bei Adolf Portmann ist das Leben immer – so wird er auch neuerdings „biosemiotisch"[335] und in der performativen Ästhetik rezipiert – gestaltbildende Ausdrucksform innerer Tiefe.[336] Diese (ontologische[337]) „Form-

331 Descola Ph (2013) Jenseits von Natur und Kultur. 4. Aufl. Suhrkamp, Frankfurt am Main.

332 Andreas Steffens A (2023) Das Verhängnis Identität oder Der Zwang, etwas zu sein. Königshausen & Neumann, Würzburg.

333 Guardini R (2019), Der Gegensatz. Versuche zu einer Philosophie des Lebendig-Konkreten, 5. Aufl. Matthias-Grünewald, Mainz. Vgl. auch Wellek A (1966) Die Polarität im Aufbau des Charakters: System der konkreten Charakterkunde. 3., neubearb. und wesentl. erw. Aufl. Francke, Bern sowie ferner Blendinger H (1946) Polarität als Weltgesetz. Rainer Wunderlich Verlag (Hermann Leins), Stuttgart/Tübingen

334 Vgl. dazu auch Bieliková M (2007) Bipolarität der Gestalten in Hermann Hesses Prosa. Die Romane „Demian" und „Der Steppenwolf" vor dem Hintergrund der daoistischen Philosophie. Kovac, Hamburg sowie Bieliková M (2012) Hermann Hesse und das Fremde: Der Einfluss der indischen Geistigkeit auf das Schaffen Hermann Hesses. Kovac, Hamburg.

335 Kleisner K (2008) The Semantic Morphology of Adolf Portmann: A Starting Point for the Biosemiotics of Organic Form? Biosemiotics 1 (2): S. 207–219.

336 Berühungspunkte gibt es zur Debatte um die Kommunikationsweise durch Maran Th (2018) Mimikry: Mimicry and Meaning: Structure and Semiotics of Biological Mimicry. Springer International Publishing, Berlin u. a. In der Regel wird das Mimikry-Phänomen aber eben in ihrer Kausalität funktionalistisch interpretiert: Lunau K (2002) Warnen, Tarnen, Täuschen. Mimikry und andere Überlebensstrategien in der Natur. WBG, Darmstadt. Vgl. ferner Cha K-H (2019) Humanmimikry. Poetik der Evolution. Fink, München.

337 Ausher F (2015) Die Macht der Form. Versuch einer dynamischen Ontologie. transcript, Bielefeld sowie Sahraoui N (2022) Dynamis. Eine materialistische Philosophie der Differenz. transcript, Bielefeld.

Frage"[338] steht im Mittelpunkt der morphologischen Forschungen und Erkenntnisinteressen von Adolf Portmann: „Und da spricht er von der ‚Innerlichkeit' als einer neu erkannten Dimension des Lebendigen, die sich im ‚Darstellungswert der Gestalten' manifestiert."[339] Und es ist treffsicher formuliert: „Diese Dimension sprengt den Rahmen des mechanistischen Weltbildes, wo die Lebewesen ausschließlich als Apparate mit rational erklärbaren Funktionen gesehen werden."[340] Er hat zu D'Arcy Thompsons „Über Wachstum und Form"[341] das Vorwort für diese deutsche Übersetzung geschrieben. Er betont ohne Abwertung der molekularen Biologie als Weg die Bedeutung eines Übergangs[342] zur psychologischen Verhaltensforschung als Zweig der Biologie, die sich den Gestaltformen des Lebens widmen muss.

Beim Menschen ist diese Tiefe vom schöpferischen[343] Geist geprägt und bringt eine hohe Elastizität in der phänotypischen Plastizität hervor.

Ich erinnere nochmals an den frühen romantisch geprägten Karl Marx in seinen ökonomisch-philosophischen Pariser Manuskripten von 1848[344], wenn er die Differenz der Ameise bzw. der Biene einerseits und des Menschen als Baumeister andererseits hervorhebt. Die Biene und die Ameise bauen, wie sie bauen (müssen). Der menschliche Baumeister kann sich da-

---

338 „Wenn wir nur kurz den Akzent auf ‚morphologisch' legen, wird uns klar, wie sehr der gesamte von Portmann erarbeitete Gedanke – die Idee von Morphologie als Wissenschaft einer universellen Kommunikation, eines Isomorphismus – gerade diese Intuition Plessners wieder aufnimmt und vertieft. Ein lebender Körper, mit seinen Formen und Bewegungen, ist an und für sich bereits ein Bedeutungsträger; seine Bewegungen sind mit Sinn ausgestattet, egal ob man sie nun versteht oder nicht." So Tolone O (2015) Helmuth Plessner und Adolf Portmann. Zur philosophischen Bestimmung des Menschen durch Exzentrizität und Frühgeburt. In Köchy K & Michelini F (Hrsg) (2015) Zwischen den Kulturen. Plessners „Stufen des Organischen" im zeithistorischen Kontext. Alber, Freiburg i. Br./München: S. 141–160, hier S. 157 f.

339 Vosseler M (1983) Adolf Portmann (1897–1982). Gesnerus 3–4: S. 229–340, hier S. 339.

340 Vosseler M (1983) Adolf Portmann (1897–1982). Gesnerus 3–4: S. 229–340, hier S. 340.

341 Thompson D'Arcy (1983) Über Wachstum und Form. Suhrkamp, Frankfurt am Main.

342 Wahlert G von (1972) Adolf Portmann. Versuch einer Würdigung. Reinhardt, Basel: S. 17.

343 Schulz-Nieswandt F, Chardey B & Möbius M (2023) Zur Kritik der innovativen Vernunft. Der Mensch als Konjunktiv. Nomos, Baden-Baden.

344 Quante M (Hrsg) (2009) Karl Marx. Ökonomisch-Philosophische Manuskripte. Kommentar von Michael Quante. Suhrkamp Verlag, Frankfurt am Main.

gegen erst Gedanken und Pläne machen, wie er bauen möchte. Die Bienen und die Ameisen kennen keine Architekturfakultäten, keine Studiengänge des Bauingenieurswesens und keine Kunstakademien. Der Mensch baute aber im Geiste einer vertikalen Lichtmetaphysik – ich kenne dazu die diesbezügliche Kontroverse – die gothische Kathedrale. Der stalinistische Totalitarismus hat seine eigene quasireligiöse Huldigungsarchitektur des Fortschritts entwickelt, die US-amerikanischen Wolkenkratzer symbolisieren den kapitalistischen Geist in einem prometheischen[345] Wahn, der an Ikarus[346] erinnern mag. Oder wir mögen an die altägyptischen Pyramiden denken. Analoges wäre z. B. in der menschlichen Praxis der Kleidungsordnungen – konsumsoziologisch und identitätspsychologisch gesehen – zu erkennen. In der Maskerade kann der Mensch mit Identität und Alterität spielen. Der *homo ludens*[347] spielt nochmals ganz anders verspielt im Spiel,[348] als es andere Wesen der tierischen Natur vermögen.[349] Er sucht – als *homo viator*, auch in der Form des *homo religiosus* – nach dem Sinn seiner geschichtlichen Existenz, die er in exzentrischer Positionalität[350] individuell wie auch als kollektive Figuration des sozialen Lernens durch Kooperation zum Gegenstand der Veränderung und Gestaltung machen kann: Zu betonen ist, so Adolf Portmann, die „Erkenntnis, daß Sinngebung zum Glücken eines menschlichen Daseins für den Einzelnen wie für die Gruppe

345 Peters G (2016) Prometheus. Modelle eines Mythos in der europäischen Literatur. Velbrück, Weilerswist.

346 Koerner J L (1983) Die Suche nach dem Labyrinth. Der Mythos von Dädalus und Ikarus. Suhrkamp, Frankfurt am Main.

347 Huizinga J (1981) Homo Ludens. Vom Ursprung der Kultur im Spiel. 27. Aufl. Rowohlt, Reinbek bei Hamburg.

348 Portmann A (1967) Alles fließt. Wege des Lebendigen. Herder, Freiburg i. Br. u. a.: S. 156 f.

349 Im Eranos-Kontext hat Hugo Rahner eine gewisse Rolle gespielt. Dazu auch Delgado M (2019) Hugo Rahner und die Eranos-Tagungen. Zeitschrift für katholische Theologie 141 (2/3): S. 264–282. Vgl. auch Batlogg A R (2019) Hugo Rahner als Mensch und Theologe Beobachtungen und Einschätzungen: ZKTh 141 (2–3): S. 148–170. Hugo Rahner hat auch einen bedeutsamen Beitrag zum Problem des *homo ludens* geleistet: Rahner H (2008) Der spielende Mensch. 11. Aufl. Johannes Verlag Einsiedeln, Freiburg i. Br. Rahner zitiert auch Buytendijk F J J (1933) Wesen und Sinn des Spiels. Das Spielen des Menschen und der Tiere als Erscheinungsform der Lebenstriebe. Kurt Wolff Verlag/Der Neue Geist Verlag, Berlin sowie Kujawa G von (1940) Ursprung und Sinn des Spiels. Verlag E A Seemann, Leipzig.

350 Tolone O (2015) Helmuth Plessner und Adolf Portmann. Zur philosophischen Bestimmung des Menschen durch Exzentrizität und Frühgeburt. In Köchy K & Michelini F (Hrsg) (2015). Zwischen den Kulturen. Plessners „Stufen des Organischen“ im zeithistorischen Kontext. Alber, Freiburg i. Br./München: S. 141–160, hier S. 144.

eine Voraussetzung ist".[351] Dies werde aber durch die „Dominanz wertfreier wissenschaftlicher Feststellungen"[352] ausgeklammert. Die Naturforschung muss sich in der Anthropologie dem großen Thema der Frage nach dem Sinn der sinnvollen Lebensführung stellen.[353] Welches Menschenbild[354] leitet uns? Adolf Portmann – und dies erinnert uns an die Studien von Canguilhem[355], Foucault[356] und Devereux[357] – verdeutlicht dies am Thema der Kulturen der sozialen Praktiken des Umgangs mit dem „Irren" (dabei auf eine sehr positive Interpretation des alten Islams verweisend, wo der Irre in der Mitte des Lebens stand).[358] Und Adolf Portmann schreibt hier[359] über den Schmerz auf eine Weise, die uns an Hans-Georg Gadamer[360] erinnern mag.

Auch andere Tiere kooperieren. Aber sie führen keine Überbau-Diskussion. Die Löwin denkt weder die Ästhetik der fragilen Gazelle noch hat sie moralische Konflikte auszuhalten. Tiere nehmen eben keine „Welt", sondern nur eine „Umwelt" wahr, in der sie eingefügt leben und in diesem ihrem Leben ohne Abwägung von Gründen[361] auf sich unmittelbar auf die Herausforderungen der Umwelt reagieren.[362]

Die auf Erich Kästner zurückreichende Idee der „Konferenz der Tiere" ist eben eine Fabel, ähnlich wie die Erste Staffel von „Warrior Cats"[363], die eine komplexe Existenzanalyse des Menschen zwischen Individualentwick-

351 Portmann A (1965) Aufbruch der Lebensforschung. Rhein-Verlag, Zürich: S. 249.
352 Portmann A (1965) Aufbruch der Lebensforschung. Rhein-Verlag, Zürich: S. 250.
353 Portmann A (1973) Vom Lebendigen. Suhrkamp, Frankfurt am Main: S. 139 ff.
354 Adolf Portmann ist zu kurzen, dichten und überaus instruktiven kultur- und geistesgeschichtlichen Skizzen zum (kulturübergreifenden) Wandel der Menschenbilder und zur Geburt des technischen Homo Faber fähig: Vgl. Portmann A (1973) Vom Lebendigen. Suhrkamp, Frankfurt am Main: S. 147 ff.
355 Canguilhem G (2017) Das Normale und das Pathologische. August Verlag, Berlin.
356 Foucault M (2007) Die Anormalen. 6. Aufl. Suhrkamp, Frankfurt am Main.
357 Devereux G (1982) Normal und anormal. Aufsätze zur allgemeinen Ethnopsychiatrie. 2. Aufl. Suhrkamp, Frankfurt am Main.
358 Portmann A (1973) Vom Lebendigen. Suhrkamp, Frankfurt am Main: S. 141 ff.
359 Portmann A (1973) Vom Lebendigen. Suhrkamp, Frankfurt am Main: S. 145 ff.
360 Gadamer H g (2003) Schmerz. Einschätzungen aus medizinischer, philosophischer und therapeutischer Sicht. Winter, Heidelberg.
361 McDowell J (2001) Geist und Welt. 4. Aufl. Suhrkamp, Frankfurt am Main.
362 Dazu auch Bertolini F (2015) Der Wert der Natur im Selbstverständnis des Menschen Untersuchungen zur rationalen Fundierung einer Umweltethik bei McDowell und der Philosophischen Anthropologie. Diss. Universität Heidelberg.
363 Demnächst: Schulz-Nieswandt F (2023) Daseinsthematische Polaritäten in „Warrior Cats" (Staffel 1) Eine kulturgrammatische und psychodynamische Analyse im Dialog mit dem jungen Leser Gören Gunnar Langenhorst. Nomos, Baden-Baden.

lung und Vergemeinschaftung bzw. Vergesellschaftung – dazu Portmann: „Das ‚Wir' ist vor dem ‚Ich' und ist stets mehr als das ‚Ich'"[364] – , über Generationenkonflikte und Erziehung, Konflikt und Kooperation, Eigensinn und Gemeinwesen, Insider und Outsider, Integration und Ausgrenzung, Moral, über charakterneurotische Verstiegenheiten z. B. eines pathologischen Ehrgeizes, über Liebe und Enttäuschung, Identität, Ehre und Verrat, Kampf und Frieden, Religion, Glauben und Zweifel in einem von Vulnerabilität gekennzeichneten ökologischen Kontext eine überaus komplexe und dynamisch und dramatisch inszenierte Fabel darstellt. Tiere töten, aber sie morden nicht – „Kampf und Frieden"[365] ist im Bereich des Daseins des Menschen etwas anderes als im Tierleben – aus unterschiedlichen Motiven heraus. Als Lebewesen gehört die Sexualität zum Menschen, ebenso die Möglichkeit zur aktiven Aggressivität oder zum Fluchtverhalten. Beim Menschen gibt es Furcht, die in lebensdienliche, vom Vertrauen ausbalancierte Angst oder auch in psychopathologisch fassbare Angststörungen[366] eskalieren kann. Auch wir kennen als Menschen Brutpflege. Gerade sie ist – wie die Bindungsforschung zeigt – von dem Spektrum des Gelingens und des Scheiterns in den persönlichkeitsformenden Aufwachsprozessen der werdenden Personen in ihren transaktional begreifbaren kontextuellen Vergesellschaftungsbedingungen gekennzeichnet: „Die Weltoffenheit, Tochter der physiologischen Frühgeburt, befreit den Menschen einerseits, andererseits zwingt sie ihn jedoch zu einer Ursprungsgesellschaft, in der das ‚wir' vor dem ‚ich' kommt."[367] Es mag daher durchaus zutreffen: Der zur Welt hin offene, aber eben in diese Welt auch eingestellte Mensch ist seiner Natur nach ein nicht festgestelltes Tier, wie es als Bild von Friedrich Nietzsche auf uns gekommen ist: „Von der Problematisierung des Menschen vom biologischen Standpunkt Portmanns ausgehend gelangt man zur anthropologischen Schlussfolgerung, dass der Mensch erst im Medium des Soziallebens seine eigenartigen Merkmale entwickelt. Die Menschen sind eine Art, die eine lange Brutpflege in der extrauterinen Sphäre benötigt. Das Soziale bildet insofern nicht bloß ein Medium, durch das der Mensch

364 Portmann A (1965) Aufbruch der Lebensforschung. Rhein-Verlag, Zürich: S. 24.
365 Portmann A (1965) Aufbruch der Lebensforschung. Rhein-Verlag, Zürich: S. 89 ff.
366 Riemann F (2009) Grundformen der Angst. Eine tiefenpsychologische Studie. 39. Aufl. Reinhardt, München.
367 Tolone O (2015) Helmuth Plessner und Adolf Portmann. Zur philosophischen Bestimmung des Menschen durch Exzentrizität und Frühgeburt. In Köchy K & Michelini F (Hrsg) (2015) Zwischen den Kulturen. Plessners „Stufen des Organischen" im zeithistorischen Kontext. Alber, Freiburg i. Br./München: S. 141–160, hier S. 146.

sich ausformt, sondern eine Sphäre, die den Menschen in seinen ersten Lebensjahren behütet."[368]

Es ist das Missverständnis des radikalen Postmodernismus, den Humanismus als große Erzählung abzulehnen. Er erkauft sich die Gefahr des nihilistischen Relativismus mit der verkürzten Rezeption der Vernunftphilosophie. Gehen wir von der Entelechie der Metamorphosen in der Gestaltidee bei Goethe – die Adolf Portmann natürlich kannte[369] – aus, so geht es uns hier um die Idee des Potenzials, dass aber in seiner Aktualisierung – Aktualgenese ist ein Konzeptbegriff der Gestaltpsychologie und der Humanistischen Psychologie – scheitern kann. Der Mensch ist nicht automatisch die „Krönung der Schöpfung", er kann es in den Grenzen der *conditio humana* im Sinne der *analogia entis*-These sein. Ihm kommt das Prädikat der Erhabenheit – gerade auch in der Form des Naturrechts der personalen Würde – als Wesenseigenschaft zu. Aber alles realisiert sich in seiner selbst gemachten Geschichte. Und in dieser Geschichtlichkeit kann er – abgründig – scheitern. Doch dieser skeptische Realismus kann getragen sein von der Modallogik (einer dynamischen Prozessontologie[370]) der Hoffnung auf das Wirklich-Werden des Noch-Nicht eines guten Lebens im Miteinander als Gestaltwahrheit des Menschen.[371] Diese Erzählung verweist auf die Fähigkeit des Menschen zum transgressiven Träumen. Und er ist aus der Kraftquelle der Liebe zur Selbsttranszendenz fähig. Dies kann ihn bis zur Spiritualität eines Allzusammenhangs führen. Es hängt eben ab, von welchem Geist der Mensch als bedingter *homo creator* in einer kontingenten Welt durchdrungen ist und seine eigene Natur durch seine seelische Ordnung zu regulieren vermag.

---

368 Arregi A S (2020) Weltbezogenheit in der Erscheinung der Gestalt: Anthropologische Ästhetik ex negativo bei Adolf Portmann. Internationales Jahrbuch für philosophische Anthropologie 9 (1): S. 171–186, hier S. 177.

369 Portmann A (1953) Goethes Naturforschung. Neue Schweizer Rundschau 21: S. 406–422, sowie Portmann A (1973) Goethe und der Begriff der Metamorphose. Goethe Jahrbuch 90: S. 11–21.

370 Vgl. auch Nordsieck V (2016) Formen der Wirklichkeit und der Erfahrung. Henri Bergson, Ernst Cassirer und Alfred North Whitehead. Alber, Freiburg i. Br./München sowie Sölch D (2014) Prozessphilosophien. Wirklichkeitskonzeptionen bei Alfred North Whitehead, Henri Bergson und William James. Alber, Freiburg i. Br./München.

371 Schulz-Nieswandt F (2020) Siegfried Katterle (1933–2019). Sein Werk im Lichte der politischen Theologie von Paul Tillich. Duncker & Humblot, Berlin.

4. Adolf Portmann: Fachspezialist im Modus des Gelehrten des großen Formats

Adolf Portmann wurde weltweit berühmt. Dass er in manchen Punkten umstritten war, gehört zum Wesen der Dynamik des wissenschaftlichen Fortschritts im Modus der Kontroversen. Was ihn so faszinierend auszeichnete und ihm respektvolle Achtung einbrachte, war die Fähigkeit, Spezialist in einem begrenzten biologischen Fachgebiet zu sein und zugleich aus diesem Spezialgebiet heraus sein Wissen in den Dienst der sinnhaften Deutung des Allzusammenhangs des Menschen in der Natur einfügen zu können. Das bringt ihn zu Recht wieder in Beziehung zur Werkqualität von Pierre Teilhard de Chardin. Aber die Differenzen sind ebenso zu beachten. Vielleicht sind diese so fassbar, dass bei Adolf Portmann – anders als bei Pierre Teilhard de Chardin – die Religion in der Evolutionstheorie nur als menschliche Schöpfung zur Kontingenzbewältigung[372] Platz hätte. Adolf Portmann kennt wundervoll anmutende Geheimnisse der Natur: Aber muss er dazu wirklich Synthesen der empirischen Wissenschaften mit einer Theologie suchen, wenn er nach dem Sinn[373] von sich zur Ausdrucksgestalt bringenden Lebewesen – vor allem des Menschen – jenseits von Kausalität und Funktionalismus[374] fragt?

Was Adolf Portmann vollbrachte, wurde Biologie im großen Stil – so nannte es[375] Karl Jaspers[376] – genannt.[377] Sein Profil wurde im Lichte da-

372 Krech V (2021) Die Evolution der Religion. Ein soziologischer Grundriss. transcript, Bielefeld.

373 Vgl. auch Gerhardt V (2017) Der Sinn des Sinns. Versuch über das Göttliche. 4. Aufl. Beck, München.

374 Interessant wäre die Frage, wann Adolf Portmann – nicht ohne Paradoxien – für die skriptlose, anti-hermeneutische Präsenz-Philosophie aktualisiert wird. Vgl. Mersch D (2002) Ereignis und Aura. Untersuchungen zu einer Ästhetik des Performativen. 4. Aufl. Suhrkamp, Frankfurt am Main sowie Gumbrecht H U (Hrsg) (2012) Präsenz. 3. Aufl. Suhrkamp, Frankfurt am Main. Ist das „Schöne" als zweckloser Zweck (neu-kantianisch?) zu verstehen? Dagegen: Tegtmeyer H (2006) Formbezug und Weltbezug. Die Deutungsoffenheit der Kunst. mentis, Paderborn sowie Jähnig D (2011) Der Weltbezug der Künste. Schelling, Nietzsche, Kant. Alber, Freiburg i. Br./München.

375 Ritter M (2000) Die Biologie Adolf Portmanns in zeitgeschichtlichem Kontext. Basler Zeitschrift für Geschichte und Altertumskunde 100: S. 207–254, hier S. 207.

376 Illies J (1981) Adolf Portmann. Ein Biologe vor dem Geheimnis des Lebendigen. Herder, Freiburg i. Br. u. a.: S. 12.

377 Jaspers K (1957) Zum 60. Geburtstag von Professor Adolf Portmann. Ex Libris: Zürich.

maliger Kulturkritik der zum „Plebejismus“ neigenden Wissenschaft der „skotomisierten“ Spezialisten als großes Gelehrtentum charakterisiert[378], das methodische kontrollierte empirische Forschung einerseits mit zivilisatorisch wegweisenden Orientierungen der Sinnfindung der Bedeutung und Verwertung der Befunde andererseits reflektierend und mitunter visionär verknüpfen konnte: „Was Plessner und Portmann vereint, ist eine umfassende Idee von Wissenschaft – wie sie Plessner initiiert hatte –, die in der Lage ist, jene Zäsur zwischen Naturwissenschaften und Geisteswissenschaften zu überwinden, die am Anfang des Jahrhunderts etabliert wurde; in der Lage, eine Brücke zu schlagen zwischen Erklären und Verstehen. In der Streitfrage um die Konzepte von Erklären und Verstehen bekräftigt Portmann mehrmals die Bedeutung des Verstehens als ein Mittel, die Phänomene von einem höheren Standpunkt aus ganzheitlich zu erfassen (in Analogie zur Morphologie) und sie damit in einer Weise zugänglich zu machen, die nicht nur funktional ist.“[379]

Es ist wohl so, dass auch dieser Punkt mich angesichts meiner eigenen Kulturkritik der neueren Wandlungen der Universität[380], in der ich die „Ermordung“ – hier auf die Ermordung Gottes bei Nietzsche[381] anspielend – der Berufung des Hochschullehrers (m/w/d) in seiner gestaltkonstituierenden Einheit von Forschung, Lehre, Selbstverwaltung und Transfer beklage, zu einer staunenden Wiederentdeckung des Werkes der Person Adolf Portmann – auf den bezogen Gerd von Wahlert schrieb, hier würde eine „beispielshafte Verwirklichung der Forderung nach Einheit von Lehre und Forschung“[382] vorliegen – geführt hat. Gerd von Wahlert formuliert die Krise der Universität auf den Punkt bringend: „Die gegenwärtige Krise unserer Universitäten ist ja nicht zuletzt dadurch ausgelöst worden, daß oft

---

378 Vgl. Lorenz Häfliger L (1982) Die Stellung des Menschen in der Natur. Zur Erinnerung an Adolf Portmann. Basler Stadtbuch: S. 9–16.

379 Tolone O (2015) Helmuth Plessner und Adolf Portmann. Zur philosophischen Bestimmung des Menschen durch Exzentrizität und Frühgeburt. In Köchy K & Michelini F (Hrsg) (2015) Zwischen den Kulturen. Plessners „Stufen des Organischen“ im zeithistorischen Kontext. Alber, Freiburg i. Br./München: S. 141–160, hier S. 156.

380 Schulz-Nieswandt F (2022) Die Deutsche Universität. Eine tragische Groteske. Königshausen & Neumann, Würzburg.

381 Wobei dieses Thema eine überaus facettenreiche Auslegungslandschaft aufweist. Vgl. z. B. auch Voigt A (2017) Wirkliche Göttlichkeit oder göttliche Wirklichkeit? Die Herausforderungen der Gegensatzproblematik in Romano Guardinis latentem Gespräch mit Friedrich Nietzsche. Verlag Text & Dialog, Dresden.

382 Wahlert G von (1972) Adolf Portmann. Versuch einer Würdigung. Reinhardt, Basel: S. 15.

Forschung und Lehre zwar noch in der Person des Professors verbunden waren, sonst aber miteinander keine Beziehungen mehr hatten."[383]

Und was ich – was im Kern auch die motivationale Kraft meiner eigenen akademischen Karriere aus einem prekären lebensweltlichen Kontext sozialer Herkunft heraus in analoger Weise ausmachte – an der Biographie von Adolf Portmann[384], nicht ohne melancholische Tiefe, so faszinierend finde, das ist, wie er die Naturerlebnisbegeisterung seiner Kindheit in die Form einer genialen akademischen Lebensgeschichte transformieren konnte.

Dies mutet wie eine echte Entelechie an: Wahrheitsgestalt-Werdung der Ausdrucksform eines tiefen inneren Sinn-Willens. Es gab wohl, wenn man sich die Fakten der Biographie von Adolf Portmann aneignet, eine Differenz zu mir: Adolf Portmann wuchs – wie ich, in einer „Arbeiterfamilie"[385] – in einer Welt der Sorgen und der Not auf, aber eben auch in einer Welt der Geborgenheit, die jedoch, und hier liegt eine signifikante Differenz vor, mir fehlte. Insofern mochte ich wohl nie die gleiche Ausgeglichenheit von Berufung[386] und Leben finden, wie es bei Adolf Portmann der Fall war, bei mir infolge daher jedoch verstiegene Formen der selektiven Fokussierung in der Lebensführung annahm. Adolf Portmann war mit seiner Wissenschaft ohne elitäre Exklusivität dem Leben und seinen vielgestaltigen Menschen verschiedener Sphären und Milieus zugewandt. Sein Wissenschaftsverständnis war selbstkritisch und entwicklungsoffen. Aber er war, so entnehme ich es der Literatur über ihn, scheu, kein Mensch lauter Öffentlichkeit oder der Politik. Allerdings hatte sein Humanismus als Haltung biologischer Forschung als Grundlegung auch einer Anthropologie deutliche politische Stellungnahme in der Kulturkritik der technizistischen Zivilisation zu bieten, Stellungnahmen, die mitunter an die Arbeit einer Kritischen Theorie erinnern mag,[387] was auch Gerd von Wahlert deutlich

---

383 Wahlert G von (1972) Adolf Portmann. Versuch einer Würdigung. Reinhardt, Basel: S. 45.

384 Vgl. u. a. Fioroni F. (1983) Adolf Portmann † (27.5.1897 bis 28.6.1982). Verhandlungen der Deutschen Zoologischen Gesellschaft 1983: S. 345–347, sowie Stamm R A & und Fioroni P (1983) Adolf Portmann, ein Rückblick auf seine Forschungen, in: Verhandlungen der Naturforschenden Gesellschaft in Basel 94: S. 87–120.

385 Wahlert G von (1972) Adolf Portmann. Versuch einer Würdigung. Reinhardt, Basel: S. 12.

386 Wahlert G von (1972) Adolf Portmann. Versuch einer Würdigung. Reinhardt, Basel: S. 47.

387 Vgl. zu einem solchen Zusammenhang: Ebke Th u. a. (Hrsg) (2016) Mensch und Gesellschaft zwischen Natur und Geschichte. Zum Verhältnis von Philosophischer

explizit herausstellt.[388] Aber trotz seines Stils der relativen, eher höflichen Zurückhaltung stand Adolf Portmann vielen Anlässen, An- und Nachfragen oder Situationen mit Rat und Tat offen zur Verfügung.[389]

Adolf Portmann ist ein empirischer Forscher, eng gebunden an das gesichert Fassbare, dennoch war er offen für große Synthesen. Und – nochmals dennoch – war er bescheiden. Er liefere, so formulierte er es, nur biologische Fragmente zum komplexen Phänomen des Phänomens des Menschlichen. Es wäre nur eine „basale Anthropologie"[390]. Er interessierte sich z. B. für die Gestaltlehre von Goethe[391], für die Vitalitätsidee[392] bei Bergson[393], die ihn eher zu einer teleologischen als zu einer mechanistischen Biologie trieb, für die tiefe Innerlichkeit bei Jung[394]. Adolf Portmann und Carl Gustav Jung trafen sich im Eranos-Kontext. Denn so – dort, in diesem intellektuellen Milieu – konnte er die Reichweite seiner Befunde einordnen und deuten. „Darüber hinaus formulierte Portmanns Gestaltlehre zwei Einwände gegen damalige funktionalistische und neodarwinistische Deutungen der Morphologie des Tieres. Einerseits postulierte Portmanns Gestalttheorie, dass die Gestalt der Lebewesen nicht funktional bestimmt ist. Nur eine positivistische Biologie würde die Lebensgestalt bzw. die Lebenserscheinung auf eine Funktion und deren Zweckmäßigkeit reduzieren. Vielmehr sind sie Ausdrücke der inneren Organisation eines Lebewesens, die das Vitale und Lebendige in sich artikulieren und darstellen."[395]

Anthropologie und Kritischer Theorie. Internationales Jahrbuch für Philosophische Anthropologie. Bd. 6. De Gruyter, Berlin/Boston.

388 Wahlert G von (1972) Adolf Portmann. Versuch einer Würdigung. Reinhardt, Basel: S. 54.

389 Zu seiner Haltung: Wahlert G von (1972) Adolf Portmann. Versuch einer Würdigung. Reinhardt, Basel: S. 44 f. Habituell konstitutive Eigenschaften sind: Verantwortung, Ernst, suchende Offenheit, sachliche Behutsamkeit, Vornehmheit, Rationalität, aber auch – so würde ich sagen – schöpferisch-visionäre Perspektivität.

390 Dazu auch in Jaroš F & Klouda J (Hrsg) (2021) Adolf Portmann: A thinker of self-expressing life. Springer International Publishing, Berlin u. a.

391 Kugler R (1967) Philosophische Aspekte der Biologie Adolf Portmanns. Exitio Academica, EVZ-Verlag Zürich: S. 124 ff.

392 Bergson H (2014) Schöpferische Evolution. Meiner, Hamburg.

393 Delitz H (2015) Bergson-Effekte. Aversionen und Attraktionen im französischen soziologischen Denken. Velbrück, Weilerswist.

394 Brumlik M (2004) C. G. Jung zur Einführung. Junius, Hamburg sowie Wehr G (2006) C. G. Jung. 21. Aufl. Rowohlt, Reinbek bei Hamburg.

395 Arregi A S (2020) Weltbezogenheit in der Erscheinung der Gestalt: Anthropologische Ästhetik ex negativo bei Adolf Portmann. Internationales Jahrbuch für philosophische Anthropologie 9 (1): S. 171–186, hier S. 181.

Indem er die Besonderheit des Menschen erkannte, entwickelte er auch eine Ehrfurcht vor dieser Lebensform, die er nicht durch naturwissenschaftliche Manipulationen (heute würde man von Biopolitik im Anthropozän sprechen) gefährdet sehen wollte. In diesem Punkt ist seine Kritik hoch aktuell. In Freiburg i. Br. waren die Beziehungen zu Martin Heidegger und Wilhelm Szilasi[396] wichtig und bedeutsam. Heidegger erkannte die besondere Art des Sehens, die in der Tiergestalt-Studie von Adolf Portmann wirksam wurde. Der Freiburger Verhaltensforscher Otto Koehler[397] lehnte dagegen – nach anfänglicher Affinität – den Idealismus in der „neuen" Biologie von Adolf Portmann ab.

Was Adolf Portmann in der Natur, aber vor allem auch als Potenzial des Menschen erkannte, waren Ausdrucksgestalten des Schönen, die nicht allein durch Funktionssinn und Zweckmäßigkeit erklärt werden können. Selbst schon früh – „Beobachten und Zeichnen"[398] waren schon die kindlichen und jugendlichen Leidenschaften – künstlerisch veranlagt und entsprechend tätig, sich in Kunstgeschichte (und sich auch die Notwendigkeit ästhetischer Erziehung zu Wort meldend[399]) kundig gemacht und auch in der Kunstakademie praktisch involviert, erkannte er –„Portmann verbindet eine ausgeprägte Erlebnisfähigkeit mit dem Vermögen künstlerischer und rationaler Verarbeitung"[400] – in den Ausdrucksgestalten des Lebendigen zwecklose Formen des Schönen, spielerische Formen tieferer schöpferischer[401] Vitalität aus dem Inneren der Lebewesen heraus. Adolf Portmann „fragt nach dem Sinn der Vielfalt, nach der Gestalt und der bunten Fülle der Formen und des Verhaltens, nach der Bedeutung, der Schönheit, den visuellen Botschaften der Tiergestalt".[402]

396 Szalai Z (2017) Im Schatten Heideggers. Einführung zu Leben und Werk von Wilhelm Szilasi. Alber, Freiburg i. Br./München. Vgl. auch Kugler R (1967) Philosophische Aspekte der Biologie Adolf Portmanns. Exitio Academica, EVZ-Verlag Zürich.

397 Lorenz K (1972) Otto Koehler, Lehrer, Freund und Vorbild. Zeitschrift für Tierpsychologie. 35 (5): S. 468–472.

398 Illies J (1981) Adolf Portmann. Ein Biologe vor dem Geheimnis des Lebendigen. Herder, Freiburg i. Br. u. a.: S. 41.

399 Portmann A (1973) Vom Lebendigen. Suhrkamp, Frankfurt am Main: S. 189 ff.

400 Wahlert G von (1972) Adolf Portmann. Versuch einer Würdigung. Reinhardt, Basel: S. 12.

401 Grundlegend dazu auch Schulz-Nieswandt F, Chardey B & Möbius M (2023) Zur Kritik der innovativen Vernunft. Der Mensch als Konjunktiv. Nomos, Baden-Baden.

402 Ritter M (2000) Die Biologie Adolf Portmanns in zeitgeschichtlichem Kontext. Basler Zeitschrift für Geschichte und Altertumskunde 100: S. 207–254, hier S. 229.

Adolf Portmann war Evolutionist[403], aber kein rein darwinistischer Evolutionist[404], dabei vor allem auch an vergleichender Morphologie interessiert. Hierbei war er in Bezug auf die Gestaltlehre[405] künstlerisch hoch sensibel. Er wurde hier mit dem in komplexer Weise problematisierten Ernst Haeckel[406] verglichen: „Beide hatten die Biologie philosophisch hinterfragt, bei Haeckel verschwammen jedoch im Laufe seines Lebens die Grenzen von Naturwissenschaft und Weltanschauung. Im Gegensatz zu Haeckel stellte Portmann stets die Grenzen positivistischer Biologie, d. h. der naturwissenschaftlich zugänglichen Fakten, gegen das Transzendente heraus, ohne dieses weltanschaulich bzw. religiös zu spezifizieren."[407] In der Anerkenntnis der Sinnbedürftigkeit des Menschen muss allerdings die Naturforschung die Ehrfurcht vor dem Leben als redliche und aufgeschlossene Haltung, also Grundstimmung, verkörpern: „Sie ist Glied einer universellen Gestalt religiöser Weltbeziehung."[408] Hier meint Adolf Portmann nicht Religion und Kirche, sondern Ehrfurcht vor dem Leben, das uns heilig sein sollte. Dadurch ahnen wir die Idee vom „vollen, erfüllten Sein".[409] Und Adolf Portmann meint dies kritisch gegenüber den etablierten „Herrschaftsansprüchen". Auch ist diese Grundstimmung der Ehrfurcht vor dem Leben kritisch gegen „die Herrschaft der traumhaften Hingabe an irrationale Mächte".[410] Adolf Portmann geht es um das Denken des „Umfassenderen", was ich in der vorliegenden Abhandlung den Allzusammenhang nenne. Und wieder kommt die Frage nach einem impliziten Pantheismus auf. Die „Nähe liegt nahe", aber Evidenz hat sie im Werk von Adolf Portmann nicht in hinreichender Art und Weise. Adolf Portmann ist in der Lage, im Rahmen seiner kulturgeschichtlich fundierten[411] Kritik der Technikwelt als

403 Portmann A (1976) An den Grenzen des Wissens. Vom Beitrag der Biologie zu einem neuen Weltbild. Fischer, Frankfurt am Main: S. 135.

404 Kugler R (1967) Philosophische Aspekte der Biologie Adolf Portmanns. Exitio Academica, EVZ-Verlag Zürich: S. 82 ff.

405 Zum Einfluss von Heinrich Wöfflin: Ritter M (2000) Die Biologie Adolf Portmanns in zeitgeschichtlichem Kontext. Basler Zeitschrift für Geschichte und Altertumskunde100: S. 207–254, hier S. 233.

406 Kleeberg B (2005) Theophysis. Ernst Haeckels Philosophie des Naturganzen. Böhlau, Köln u. a.

407 Schmidt E G (2010) Adolf Portmann (1897–1982), ein Basler Zoologe von Weltrang: „Mit Libellen fing es an". Odonata. Libellula 29 (1/2): S. 127–141, hier S. 138.

408 Portmann A (1965) Aufbruch der Lebensforschung. Rhein-Verlag, Zürich: S. 250.

409 Portmann A (1965) Aufbruch der Lebensforschung. Rhein-Verlag, Zürich: S. 250.

410 Portmann A (1965) Aufbruch der Lebensforschung. Rhein-Verlag, Zürich: S. 250.

411 Portmann A (1973) Vom Lebendigen. Suhrkamp, Frankfurt am Main: S. 189 ff.

Folge der Überbetonung der theoretischen Funktion des Denkens des Geistes zu unterscheiden zwischen einer irrationalen Form des Irrationalismus pathologischer Art einerseits und einer a-rationalen, andersartigen Form imaginativer Kreativität, die noch staunen kann, die erleben kann, die noch fasziniert sein kann von der auf Erfurcht, aber mit Freude[412] verbundenen basierenden Haltung angesichts des Allzusammenhangs. Hier kommt eine Differenz der analytisch-theoretischen und der ästhetischen Art des Sehens zum Ausdruck. Das Paradigma deutet Adolf Portmann[413] an: die Musik[414], für die das Herz offen ist, womit wir eigentlich tief in den Mythos des Orpheus[415] eintauchen müssen. Und dann müssten wir auch – als Bausteine einer Naturkunde des Menschen als zeremonielles Tier[416] – den Tanz[417] dazuzählen.[418] Mit Bezug auf Max Scheler meint Adolf Portmann ein „Heilswissen"[419] als das Andere des Herrschaftswissens. Die mit der „sinnfälligen, farbigen, duftenden, tönernden, geformten Naturformen um uns" werden erlebt durch Erregung, die dem Menschen „Einsicht in die Tiefe der uns umfangenden und uns selbst gestaltenden unbekannten Lebensgründe" gibt.[420] Diese „Naturkunde ist eine erregende Kraft": „Das liebevolle Kennenlernen der klaren, vielgestaltigen Gebilde um uns bringt unablässig in unser innerstes geistiges Weben die Eindrücke von großen Ordnungen, weckt das Gefühl für die kaum faßbare Größe solcher Ordnung, die uns als Schönes wie auch als Schreckliches begegnet, die im Aufblühen wie im

412 Portmann A (1973) Vom Lebendigen. Suhrkamp, Frankfurt am Main: S. 205, 207.
413 Portmann A (1973) Vom Lebendigen. Suhrkamp, Frankfurt am Main: S. 205, 214 f., 218.
414 Jankélévitch V (2021) Die Musik und das Unaussprechliche. Suhrkamp, Berlin sowie Jankélévitch V (2020) Zauber, Improvisation, Virtuosität. Schriften zur Musik. Suhrkamp, Berlin.
415 Jung H (2018) Orpheus und die Musik – Metamorphosen eines antiken Mythos in der europäischen Kulturgeschichte. Lang, Frankfurt am Main u. a
416 Macho Th (2004) Das zeremonielle Tier. Rituale – Feste – Zeiten zwischen den Zeiten. Styria-Pichler, Wien u. a.
417 Vietta E (1938) Der Tanz. Eine kleine Metaphysik. Societäts-Verlag, Frankfurt am Main.
418 Weege F (1926) Dionysischer Reigen. Lied und Bild in der Antike. Niemeyer, Halle/Saale sowie Otto W F (1955) Die Musen und der göttliche Ursprung des Singens und Sagens. Diederichs, Düsseldorf/Köln. Eine der spannendsten Kontroversen war die Mythos-Kultus-Diskussion: Robert Ackerman R (2013) The Myth and Ritual School. J. G. Frazer and the Cambridge Ritualists. Routledge, London.
419 Portmann A (1973) Vom Lebendigen. Suhrkamp, Frankfurt am Main: S. 209.
420 Portmann A (1973) Vom Lebendigen. Suhrkamp, Frankfurt am Main: S. 209.

Sterben" begegnet.[421] Das Sein des Lebens wird uns Menschen dergestalt wieder vertraut. Die Seinsverlorenheit - und damit die transzendentale Obdachlosigkeit in einem ontologischen Sinne - werden überwunden. Es geht in der Bildung und Erziehung daher weniger um tyrannische und hyberbolische Wissensstoffabarbeitung als um Kunsterleben.[422] Adolf Portmann reflektiert hier das Träumen, die Bedeutung von Freud und Jung (Jung mehr zugeneigt als Freud, doch auch Jung problematisierend[423]) und den Surrealismus[424], wobei Adolf Portmann den magischen Pol der Wirklichkeitserfahrung bei André Breton[425] betont.[426]

Alles Leben entstand aus natürlichen Prozessen[427] heraus.[428] Und in seiner fast schon lyrisch anmutenden Prosa „Ein Naturforscher erzählt" lautet es: „Gewiß ist die Ergründung des Lebendigen als ein System von Prozessen eine der großen Aufgaben der Naturforschung." „Auch der Mensch ist ja ein System von Prozessen."[429] Aber er betont dort: „Aber jedes Leben ist immer auch Gestalt."

Adolf Portmann bezweifelte nicht Mechanismen der Mutation und der Selektion, sah aber jenseits einer Lehre der automatisch-deterministischen Entelechie schöpferische Kräfte am Werk, und dies jenseits eines Reduktionismus auf Kausalität und Funktionalität.[430] Außerdem lehnte er den

421 Portmann A (1973) Vom Lebendigen. Suhrkamp, Frankfurt am Main: S. 209 f.

422 Portmann A (1973) Vom Lebendigen. Suhrkamp, Frankfurt am Main: S. 212.

423 Portmann A (1973) Vom Lebendigen. Suhrkamp, Frankfurt am Main: S. 216.

424 Portmann A (1973) Vom Lebendigen. Suhrkamp, Frankfurt am Main: S. 202, 2014. Zum Surrealismus vgl. Nadeau M (2002) Geschichte des Surrealismus. Rowohlt, Reinbek bei Hamburg.

425 Zotz V (1990) André Breton. Rowohlt, Reinbek bei Hamburg.

426 Portmann A (1973) Vom Lebendigen. Suhrkamp, Frankfurt am Main: S. 219.

427 Bei Koutroufinis S A (2019) Organismus als Prozess. Begründung einer neuen Biophilosophie. Alber, Freiburg i. Br./München wird Adolf Portmann explizit, aber eher nur am Rande erwähnt.

428 Vgl. auch Illies Chr (2006) Philosophische Anthropologie im biologischen Zeitalter. Zur Konvergenz von Moral und Natur. 3. Aufl. Suhrkamp, Frankfurt am Main. Im Hintergrund vgl. auch De Brasi D & Föllinger S (Hrsg) (2015) Anthropologie in Antike und Gegenwart. Biologische und philosophische Entwürfe vom Menschen. Alber, Freiburg i. Br./München.

429 Portmann A (1955) Ein Naturforscher erzählt. Reinhardt, Basel: S. 31.

430 Verschiedenartige Parallelen könnten diskutiert werden. Als theoretischer Biologe war z. B. Ludwig von Bertalanffy ein Kritiker des reduktionistischen Evolutionsmodells des Neo-Darwinismus, den er als vage und kaum verifizierbare sowie dogmatische Lehre charakterisierte. Dazu auch Diesner Th (2015) Die Allgemeine Systemtheorie bei Ludwig von Bertalanffy. Eine Begründung interdisziplinärer Wissenschaftspraxis. Logos, Berlin.

faschistischen Sozialdarwinismus[431] kritisch ab. Schmidt dazu: „Dieses Unerklärliche hat Portmann gern als Innerlichkeit oder einfach als Geheimnis bezeichnet, er wollte dafür über das Beobachtbare hinaus sensibilisieren (...). Wichtig war für ihn die ganzheitliche Sicht der Organismen (...). Viele Menschen der Nachkriegszeit hat er damit angesprochen, für viele Fachkollegen war das jedoch der Wissenschaftlichkeit abträglich."[432]

Umkehrt nahm Adolf Portmann[433] die von Umberto Eco[434] persiflierte „Krise der ethnographischen Repräsentation"[435] vorweg,[436] wenn er den Primitivismus-Vorwurf kritisierte, und sah in dem biologistischen Reduktionismus der Aggression im Menschen gewisse dergestalt transportierte, aber unreflektierte Wahrnehmungen der Selbstverständnisse der Forschenden am Werke, was an den kritischen Beitrag von Devereux[437] erinnern mag.

„Dass die Innerlichkeit sich im Bild der Gestalt äußert, ist eine revolutionäre Aussage für die wissenschaftliche Biologie."[438] Diese Offenheit für eine komplexere und mehr ganzheitliche[439] Sicht auf das Leben und seine Evolution machte ihn im Kreis der Eranos-Tagungen zu einem führenden Kopf.[440]

---

431 Vgl. insgesamt zur Entstehung und Entwicklung des Darwinismus: Lefèvre W (2009) Die Entstehung der biologischen Evolutionstheorie. Suhrkamp, Frankfurt am Main.

432 Schmidt E G (2010) Adolf Portmann (1897–1982), ein Basler Zoologe von Weltrang: „Mit Libellen fing es an". Odonata. Libellula 29 (1/2): S. 127–141, hier S. 138.

433 Wahlert G von (1972) Adolf Portmann. Versuch einer Würdigung. Reinhardt, Basel: S. 47.

434 Eco U (2001) Platon im Striptease-Lokal. Parodien und Travestien. 8. Aufl. dtv, München: S. 58 ff.

435 Fuchs M Berg E (Hrsg) (1983) Kultur, soziale Praxis, Text. Die Krise der ethnographischen Repräsentation, 4. Aufl. Suhrkamp, Frankfurt am Main.

436 Dazu – quasi eine Kritik des sog. Orientalismus – Portmann A (1965) Aufbruch der Lebensforschung. Rhein-Verlag, Zürich: S. 226.

437 Devereux G (1984) Angst und Methode in den Verhaltenswissenschaften. Suhrkamp, Frankfurt am Main.

438 Arregi A S (2020) Weltbezogenheit in der Erscheinung der Gestalt: Anthropologische Ästhetik ex negativo bei Adolf Portmann. Internationales Jahrbuch für philosophische Anthropologie 9 (1): S. 171–186, hier S. 181.

439 Vgl. auch in Harrington A (2002) Die Suche nach Ganzheit. Die Geschichte biologisch-psychologischer Ganzheitslehren: Vom Kaiserreich bis zur New-Age-Bewegung. Rowohlt, Reinbek bei Hamburg.

440 Riedl M (2004) Adolf Portmann – Ein Skeptiker auf der Suche. In Barone E, Riedl M & Tischel A (Hrsg) Pioniere, Poeten, Professoren. Eranos und der Monte Verità

Mit dieser Dimension in der Werkgeschichte kann man einen weiten Diskursraum eröffnen. Auf die Eranos-Bewegung[441] soll aber nicht vertiefend eingegangen werden. Seit 1946 war er dabei, ab 1962 als Präsident der Stiftung Eranos. Für Portmann waren die Eranos-Tagungen damals der zentrale geistige Entfaltungsraum.

Aber Ritter zieht ein nachdenklich machendes Fazit: „Während die anthropologischen Forschungsergebnisse dank breiter Rezeption durch philosophische Anthropologen wie F. J. J. Buytendijk, Helmuth Plessner, Arnold Gehlen und die Philosophen im Umkreis von Martin Heidegger sowie Karl Jaspers grosse Anerkennung fanden, stiess die Gestaltlehre schon zu Lebzeiten Portmanns auf heftigen innerwissenschaftlichen Widerstand. Die schon damals beklagte Marginalisierung der Morphologie hat sich seit Portmanns Tod noch in grossen Schritten fortgesetzt. Insbesondere beim Theoriengebäude der Tiergestalt-Lehre haben wir ein wissenschaftsgeschichtlich klassisches Beispiel einer sogenannten ‚verlorenen Wissenschaft' vor uns."[442]

Heute kommt es zu gewissen Renaissance-Bemühungen hinsichtlich des morphologischen Denkens, an der sich auch die Kölner Schule der gemeinwirtschaftlichen Genossenschaft an meinem Lehrstuhl beteiligt. Kritische Theorie der Sozialtheorie kommt an einer Gestaltlehre des Guten, Schönen und Wahren als Gestaltlehre des Menschen gar nicht vorbei, wenn sie nach den Möglichkeiten der Humangerechtigkeit in einer unwahren Welt der Entfremdung fragt. Die technische Zivilisation ist eine notwendige Voraussetzung für eine Kultur des guten Lebens, aber hinreichende Bedingung ist die Beseelung der wissenschaftlich-technisch organisierten Welt durch das Pneuma der Liebe, die den Geist des Menschen als ein Naturwesen in der ehrfurchtsvoll erfahrbaren Schönheit des Allzusammenhangs bestimmt: „Diese Erhaltung des außermenschlichen Lebens sollte ein Akt der Ehr-

---

in der Zivilisationsgeschichte des 20. Jahrhunderts. Königshausen & Neumann, Würzburg: S. 115–126.

441 Schabert T (Hrsg) (2016) The Eranos Movement. A Story of Hermeneutics. Königshausen & Neumann, Würzburg sowie Hakl H Th (2015) Eranos. Nabel der Welt – Glied der goldenen Kette – Die alternative Geistesgeschichte. 2. Aufl. scientia nova Verlag Neue Wissenschaft, Gaggenau. Zu Monte Verità vgl. Bollmann St (2019) Monte Verità. 1900 – der Traum vom alternativen Leben beginnt. 3. Aufl. Pantheon, München.

442 Ritter M (2000) Die Biologie Adolf Portmanns in zeitgeschichtlichem Kontext. Basler Zeitschrift für Geschichte und Altertumskunde 100: S. 207–254, hier S. 253.

furcht sein."[443] Diese postreligiöse und alles andere als kirchentheologische Auffassung ist ein Versuch der Vereinigung von Naturwissenschaft und Geisteswissenschaft in der Reflexionswelt (als Wirklichkeitsebene eigener Art) als Einheit von Natur und Geist im Sein (auf einer fundamentalen Wirklichkeitsebene) selbst. Die Freude an dieser Einheit ist eine Art von Überwindung der Seinsvergessenheit, die sodann auch die Chance bietet, dass der Mensch seine ontotranszendentale Obdachlosigkeit[444] – ein „Exodus aus der vertrauten Welt"[445] – verliert: „Das Vorhandensein der Lebensformen, die über uns hinausweisen und die uns auch an das Geheimnis unseres eigenen Ursprungs mahnen, ist aber zugleich eine zentrale Notwendigkeit für eine volle und große Weltbeziehung des Menschen."[446]

443 Portmann A (1965) Aufbruch der Lebensforschung. Rhein-Verlag, Zürich: S. 222.
444 Dannemann R, Meyzaud M & Weber Ph (Hrsg) (2018) Hundert Jahre „transzendentale Obdachlosigkeit". Georg Lukács' „Theorie des Romans" neu gelesen. Aisthesis, Bielefeld.
445 Portmann A (1965) Aufbruch der Lebensforschung. Rhein-Verlag, Zürich: S. 224.
446 Portmann A (1965) Aufbruch der Lebensforschung. Rhein-Verlag, Zürich: S. 222.

IV. Fragmente eines Übergangsraums der Reflexion

Der Mensch als *homo symbolicus* bildet eine geistige Welt aus. Hier käme, so Adolf Portmann[447] (mit Bezug auf Plessner), eine „zweite Natur" der „künstlichen Kreativität" zum Ausdruck. Man könnte m. E auch sagen, hier käme eine dem Menschen eigene performative Generativität der inneren plasmatischen Organisation zur Wirkung.

Diese Vergeistigung seiner sozialen Wirklichkeit[448] – selbst materielle Dinge mögen vom (wie das *hau* in der Gabe[449] bei Marcel Mauss) Menschen in der atmosphärischen[450] Aura animistischer Eigenschaften, phänomenologisch verstanden, empfunden werden – ist Teil seiner Natur als Naturwesen. Für eine Philosophie des Geistes[451] ist diese Idee des Menschen als lernendes[452] Naturwesen mit Geist eben nicht auf das Weltbild einer reinen Naturwissenschaft[453] zu reduzieren.[454] Naturwissenschaft ohne Metaphysik ist in ihrer Seelenlosigkeit selbst einer der Gründe, auch den Menschen durch die Herrschaft von Wissenschaft und Technik zu kolonialisieren. War die Technik aus der Büchse der Pandora gedacht als Hilfe zur Befreiung des Menschen angesichts der absolutistischen Wirklichkeit, in der er seit dem Ausgang aus der Höhle geworfen war,[455] so schlug

447 Portmann A (1965) Aufbruch der Lebensforschung. Rhein-Verlag, Zürich: S. 245 f.

448 Searle J R (2004) Geist, Sprache und Gesellschaft. Philosophie der wirklichen Welt. 4. Aufl. Suhrkamp, Frankfurt am Main.

449 Schulz-Nieswandt F & Micken S (2021) Die Gabe. Kulturgrammatischer Baustein und generative Form der genossenschaftsartigen Sozialgebilde. LIT, Berlin u. a.; Schulz-Nieswandt F, Micken S & Moldenhauer J (2022) Morphologie der Gabe. Fragmente einer hermeneutischen Gestaltlehre der Gabemechanismen. LIT, Berlin u. a. sowie Schulz-Nieswandt F (2023) Onto-Poetik der responsiven Gabe. Alber in Nomos, Baden-Baden.

450 Albrecht C (2017) Atmosphären operationalisieren. Sociologia Internationalis 55: S. 141–165.

451 Searle J R (2006) Geist. Eine Einführung. 2. Aufl. Suhrkamp, Frankfurt am Main.

452 Bateson G (1987) Geist und Natur. Eine notwendige Einheit. 12. Aufl. Suhrkamp, Frankfurt am Main.

453 Haarmann, Anke (2014) Die andere Natur des Menschen. Philosophische Menschenbilder jenseits der Naturwissenschaft. transcript, Bielefeld.

454 Nagel Th (2016) Geist und Kosmos. Warum die materialistische neodarwinistische Konzeption der Natur so gut wie sicher falsch ist. 4. Aufl. Suhrkamp, Berlin.

455 Zu den mythopoetischen Kontexten und zu den narrativen Traditionslinien vgl. u. a. Moog-Grünewald M (Hrsg) (2008) Mythenrezeption. Die antike Mythologie

diese Aufklärung in ihrer endogenen Dialektik[456] um in die Beherrschung der Menschen durch die eigenlogische Systemmacht der wissenschaftlich fundierten Technik, die längst nicht mehr prothetisches Gestell assistierender Art im Dienste für den vulnerablen Menschen ist, sondern zum destruktiven Käfig mit der fetischartigen Neigung zum kumulativ-zirkulären Produktivkraftzauber[457] zur Förderung der innovationszyklischen[458] Akkumulationsdynamik wurde.

1. Formen des Geistes: Mythos, Religion, Kunst, Wissenschaft

Ich knüpfe hier natürlich an das Denken von Ernst Cassirer an.[459] Es gibt verschiedene Modi der Erkenntnis und der Objektivierung von Deutung[460], Wissen und Erfahrung in geistigen System wie die der Wissenschaft, der Religion und des Mythos und der Kunst. Die Arbeit[461] an der daseinsthematisierenden Wahrheit[462] im Mythos ist ebenso wenig minder zu schätzen wie die interpretative Verarbeitung der Daseinsthemen der Menschen der jeweiligen Zeitgeschichte und Epoche in den Formen der Kunst. Und menschenwissenschaftliche Erörterungen können ebenso wie andere Formen der Erkenntnis und ihrer Objektivierung einer poetischen[463] Strategie folgen.[464] Wissenschaft ist eine Nacherzählung der Ge-

---

in Literatur, Musik und Kunst von den Anfängen bis zur Gegenwart. Metzler, Stuttgart/Weimar. Guten Einblick gibt immer auch Roschers Lexikon: Roscher W H (1884 ff.) Ausführliches Lexikon der griechischen und römischen Mythologie. Teubner, Leipzig.

456 Horkheimer M & Adorno Th W (1969) Dialektik der Aufklärung. S. Fischer, Frankfurt am Main.

457 Schulz-Nieswandt F (2019) Die Formung zum Homo Digitalis. Ein tiefenpsychologischer Essay zur Metaphysik der Digitalisierung. Könighausen & Neumann, Würzburg.

458 Schulz-Nieswandt F, Chardey B & Möbius M (2023) Zur Kritik der innovativen Vernunft. Der Mensch als Konjunktiv. Nomos, Baden-Baden.

459 Kreis G (2009) Cassirer und die Formen des Geistes. Suhrkamp, Frankfurt am Main.

460 Hogrebe W (1992) Metaphysik und Mantik. Die Deutungsnatur des Menschen. 2. Aufl. Suhrkamp, Frankfurt am Main.

461 Blumenberg H (2006) Arbeit am Mythos. 7. Aufl. Suhrkamp, Frankfurt am Main.

462 Hübner K (2013) Die Wahrheit des Mythos. 2. Aufl. Verlag Karl Alber, Freiburg i. Br./München.

463 Geisenhanslüke A (2018) Poetik. Eine literaturtheoretische Einführung. transcript, Bielefeld.

schichten der Welt des Menschen als Naturwesen mit Geist. Sie arbeitet methodisch kontrolliert in anderer Weise als die „Kunst der Kunst“ und die auf Rekonstruktion der Realität abstellenden fiktionalen[465] Erzählungen der Poetik des Mythos. Aber alle Modi der Erkenntnis und ihre Kristallisationen zum objektiven Geist der sozialen Wirklichkeit sind Ausdruck der Menschen als Naturwesen mit Geist.

2. Griechenlanderfahrungen, Melancholie und das Subjekt im Allzusammenhang

Der Mensch steht im Kosmos als Allzusammenhang in einem mehrschichtigen Naturverhältnis. Er hat eine innere Natur und eine äußere Natur und er bildet im Zuge seiner Ontogenese eine „zweite Natur“ aus, die ihn als Naturwesen mit jenem Geist anreichert, die ihm die Selbstanalyse als Metareflexion seines Welt-Verhältnisses ermöglicht. Dieses In-der-Welt-eingestellt-Sein als ein Welt-Verhältnis eines de-zentrierten und eben responsiven Subjekts kann zur posttheologischen Offenbarung ohne Gott des alles einhüllenden Allzusammenhangs des Kosmos des Menschen führen. Ich selbst habe so die Aura der Landschaft und die Metaphysik des Lichtes sowie die Musik der Stille der panischen Olivenhaine und ihrer epiphanen Atmosphäre und der Konzerte der Zikaden als Erfahrung erlebt im abgelegenen Ostkreta.[466] Es gibt diese epiphane Erfahrung auch in anderen Landschaften.[467] Das Staunen, das sich hierbei einstellt, bringt die Gestimmtheit in die Bahnen einer Daseinstiefe melancholischer Art, die ihre Komplementarität in der Heiterkeit[468] finden muss, damit das „Endon“[469] nicht in Schwermut abgleitet.

---

464 Dörfelt-Mathey T (2015) Dichtung als Menschenwissenschaft. Das poetische Werk von Norbert Elias. Springer VS, Wiesbaden.

465 Koschorke A (2021) Wahrheit und Erfindung. Grundzüge einer Allgemeinen Erzähltheorie. Fischer, Frankfurt am Main.

466 Schulz-Nieswandt F (2021) Zur Göttlichkeit griechischer Landschaften. Königshausen & Neumann, Würzburg; Schulz-Nieswandt F (2021) Die Mittelmeerfahrten von Göran Schildt (1917–2009) und seine Daphne. Moderner skandinavischer Blick, Nachkriegsepoche und Griechenlandsehnsucht. Königshausen & Neumann, Würzburg.

467 Schulz-Nieswandt F (2023) Aura des Augenblicks. Epiphanisches Erleben in Dorothy L. Sayers’ (1893–1957) Roman „Aufruhr in Oxford“. Königshausen & Neumann, Würzburg.

Was die transzendentale Empathie als aktualisierte komplexe Spiegelneuronen für die menschliche Stellung im Gefüge der sozialen Mit-Welt mit Blick auf das Gelingen des Miteinanders der Menschen in der reziproken Rolle als Mitmenschen bedeutet, das ist die transzendentale Responsitivität der Weltoffenheit für die epiphane Offenbarungserfahrung des Menschen im Allzusammenhang der Natur.

Es sind also diese beiden Themenkreise – (1) die symbolischen Formen des Geistes und (2) die responsive phänomenologische Arbeit an der Weltverhältnis-Erfahrung[470] –, die mich aus meinem Werk heraus sensibilisieren für das Thema der Einheit von Geist und Natur. So sehr der Mensch als Naturwesen Teil der Natur ist, so deutlich setzt seine Art von „Welterleben und Weltwissen"[471] ihn von anderen Säugetieren signifikant ab. Beide Aspekte der Analyse Formung der Welt und Erlebnis der Welt – erfordert im Kontext des transaktionalen Denkens eine Theorie des intra-individuellen Arbeitsapparates in der psychischen Tiefenstruktur des Körpers des Menschen. Der hylemorphe Körper des Menschen ist der korporale Modus des Naturwesens mit Geist.

Vielleicht meinte Hans Driesch[472] in seinem Neo-Vitalismus[473] genau dies: dass eine Kraft die Entelechie bewirkt, die nicht Teil der Materie ist, aber mit der Materie wirkt.

---

468 Schulz-Nieswandt F (2021) Horst Wolfram Geißler (1893–1983). Hermeneutik der Daseinstiefe einer heiteren Literatur. Nomos, Baden-Baden.

469 Tellenbach H (2011) Melancholie. Problemgeschichte – Endogenität – Typologie – Pathogenese Klinik. Nachdruck. 4. Aufl. De Gruyter, Berlin. Zur daseinsanthropologisch fundierten phänomenologisch-hermeneutischen Psychiatrie vgl. in Schulz-Nieswandt F (2023) Integrierte Versorgung als humangerechte Mutation der Medizinkultur. Das Elend einer Selbstblockierung eines kranken Sektors. LIT, Berlin u. a.

470 Instruktiv: Vogd W (2018) Selbst- und Weltverhältnisse. Leiblichkeit, Polykontexturalität und implizite Ethik. Velbrück, Weilerswist.

471 Portmann A (1964) Welterleben und Weltwissen. Zwei Vorträge. Piper & Co, München.

472 Driesch H (1951) Lebenserinnerungen. Aufzeichnungen eines Forschers und Denkers in entscheidender Zeit. Ernst Reinhardt Verlag, Basel. Dazu auch Krall St, Nahm M & Waldrich H-P (2021) Hinter der Materie. Hans Driesch und die Natur des Lebens. Die Graue Edition. Dietzenbach. Vgl. ferner Miller Th (1991) Konstruktion und Begründung. Zur Struktur und Relevanz der Philosophie Hans Drieschs. Olms, Hildesheim.

473 Krall St (2015) Hans Driesch, der Vitalist. Zwischen Biologie, Philosophie und Parapsychologie. Zeitschrift für Anomalistik 15: S. 110–129, sowie Penzlin H (2007) Hans Driesch begründete den Neovitalismus. Biologie in unserer Zeit 37 (3): S. 203–206.

V. Schlüsselfragen im Werk von Adolf Portmann

In fünf Abschnitten will ich nun, wobei einige grundlegende Dimensionen und Aspekte bereits in den vorausgegangenen Kapiteln und Abschnitten angesprochen worden sind, das Werk von Adolf Portmann durchdringen und in einigen zentralen Bausteinen auf den Begriff bringen.

1. Anerkennung, Gedächtnis, Erinnerung und neuere Rezeptionsweisen des Werkes von Adolf Portmann

Die Rezeption des Werkes von Adolf Portmann ist ein „uferlose(s) Unterfangen".[474] Und es gibt tatsächlich eine neuere Rezeptionsdynamik, die sich auf den Beitrag von Adolf Portmann zur aktuellen Debatte einer Biosemiotik bezieht, wobei sich einerseits gewisse Strömungen postmodernen Denkens eingravieren, andererseits auch Konzepte ästhetischer Theorie.

a) Zur Biosemiotik

Dabei geht es um die Kategorie der Form, die als Ausdrucksgestalt einerseits semiotisch auf eine Tiefe (der „Innerlichkeit" der Lebewesen) verweist, andererseits aber den Zweck – neukantianisch anmutend – eher in der Zwecklosigkeit des Schönen thematisiert, also sich nicht antihermeneutisch – der Aura unbedingter Präsenz verschreibt, aber eben auch den Bedeutungssinn nicht funktionalistisch codiert.

Zu problematisieren wäre die Kategorie der Unbedingtheit. Ist Zwecklosigkeit des Schönen als Bedeutung von Ausdrucksgestalten identisch mit Unbedingtheit? Die Ausdrucksgestalt muss ja als Perfomativität generiert werden. Die Form generiert in der Ausdrucksform die Bedeutung, aber aus einer Tiefe der Innerlichkeit heraus, die die Möglichkeit der Semiotik[475]

---

474 Ritter M (2000) Die Biologie Adolf Portmanns in zeitgeschichtlichem Kontext. Basler Zeitschrift für Geschichte und Altertumskunde 100: S. 207–254, hier S. 244.

475 Barthes R (1983) Elemente der Semiologie. Suhrkamp, Frankfurt am Main.

der Zeichensysteme[476] an diese Generativität knüpft. Damit muss nicht im engeren Sinne eine Kausalität unterstellt werden, wohl aber eine Lebensdynamik. Es muss ja hierzu eine Gestalt-Werdung gedacht werden: Diese schöpferische Bewegung verläuft aus der Tiefe nach oben zur ornamentalen Oberfläche, wobei diese Ausdrucks-Form selbst von ästhetischem Wert ist, also nicht rein zweckdienlicher Natur als Funktionssinnform ist.

Diese Debatte verweist uns also auf „neuere Rezeptionsweisen". Die dominante Spur einer „Erinnerung" im „Gedächtnis" der akademischen Community ist aber immer noch geprägt von der „Anerkennung" des Beitrags von Adolf Portmann zur Ontogenese des Menschen im Lichte seiner biologischen Forschung.

b) Zur Anthropologie der Ontogneese

Die Begriffe hierzu sind durchaus noch geläufig, wenngleich heute seltsam anmutend: Der Mensch sei ein sekundärer Nesthocker mit extrauteriner Embryonalphase.[477] Das wird heute mitunter – ich verweise nicht auf das umfangreiche angehäufte, wenngleich oftmals auch redundante Schrifttum – in der Entwicklungspsychologie, in der Sozialisationsforschung und der Pädagogischen Anthropologie[478] anders formuliert und begrifflich anders gefasst. Aber die anthropologische Fundierung des Kulturwesens des *homo socialis* ist immer noch von dieser Idee einer „zweiten, sozio-kulturellen Geburt"[479] geprägt.

Dass heute neben familiensoziologischen Forschungen die Jugendphase anders (sozialsphärenartig erweitert) erfasst wird, die Kulturwissenschaften der Diversität und ihrer Intersektionalität die achtsame Gegensstandsensibilität verändert hat und die Rolle der Medien[480] nun auch in der digita-

476 Eco U (1977) Zeichen. Einführung in einen Begriff und seine Geschichte. Suhrkamp, Frankfurt am Main.

477 Portmann A (1956) Zoologie und das neue Bild vom Menschen. Biologische Fragmente zu einer Lehre vom Menschen. 2. Aufl. Rowohlt, Hamburg.

478 Wulf Chr & Zirfas J (Hrsg) (2014) Handbuch Pädagogische Anthropologie. Springer VS, Wiesbaden.

479 Claessens D (1962) Familie und Wertsystem. Eine Studie zur zweiten sozio-kulturellen Geburt des Menschen. Duncker & Humblot, Berlin.

480 Ob die neuen Medien eine ganz neue Ontologie induzieren, sei dahingestellt. Dazu Handel L (2019) Ontomedialität. Eine medienphilosophische Perspektive auf die aktuelle Neuverhandlung der Ontologie. transcript, Bielefeld.

len Transformation[481] betont wird, ändert nichts an der genialen Einsicht von Adolf Portmann, die ontogenetische Besonderheit des Menschen im Vergleich zu anderen – der Mensch gehöre „zu einer der höchsten Gruppen", „was vom christlichen Weltdenken überhaupt hat verkannt werden können"[482] – Säugetieren erkannt und auf seine Weise sprachlich benannt und konzeptionell elaboriert zu haben.

Auch die neueren heterodoxen Strömungen, die binär codierte[483] Dualität von Natur und Kultur (ontologisch insgesamt oder auch in einem engeren Sinne z. B. mit Blick auf Korrelationen mit den Gender-Codierungen[484] wie etwa im Fall des „Mutterrecht"-Werkes bei Bachofen[485]) zu problematisieren, verpuffen mit Blick auf die Tatsache, dass Adolf Portmann so gelesen werden muss, dass der Geist, der den Menschen als Kulturwesen auszeichnet, bei ihm als Teil der Biologie des Menschen als Lebewesen verstanden wird, also nicht Sprachspielformeln des Mangels folgen. Die Kultur und der generative Prozess der lebenslangen Sozialisation, auch als Mischung von Enkulturation und Akkulturation in seiner Komplexität gesteigerten Ontogenese, ist nicht das ganz Andere der Natur, sondern Teil der evolutionären DNA-Ausstattung, die jedoch erst in der Vergesellschaftung als Transaktionalität von Organismus und Welt aktualisiert wird. Dies bedeutet dann aber auch – und auch hier gehe ich nicht auf die Literaturlandschaft ein – die Unmöglichkeit, Neurowissenschaften[486] ohne die aktualgenetische Dynamik der geschichtlichen Vergesellschaftung des Menschen als Naturwesen zu betreiben.[487] Der Mensch als Körper

481 Schulz-Nieswandt F (2019) Die Formung zum Homo Digitalis. Ein tiefenpsychologischer Essay zur Metaphysik der Digitalisierung. Königshausen & Neumann, Würzburg.

482 Portmann A (1965) Aufbruch der Lebensforschung. Rhein-Verlag, Zürich: S. 246.

483 Bateson G (1985) Ökologie des Geistes. Anthropologische, psychologische, biologische und epistemologische Perspektiven, 13. Aufl. Suhrkamp, Frankfurt am Main.

484 Vgl. auch in Schulz-Nieswandt F (2014) Religionsphilosophie und ontologisches Wahrheitsverständnis bei Walter F. Otto (1874–1958). Eine strukturalistische und psychodynamische Rezeption. Nomos, Baden-Baden.

485 Davies P (2010) Myth, Matriarchy and Modernity. Johann Jakob Bachofen in German Culture. 1860–1945. De Gruyter, Berlin u. a.

486 Roth G (2021) Über den Menschen. 4. Aufl. Suhrkamp, Berlin; Geyer Chr (Hrsg) (2004) Hirnforschung und Willensfreiheit. Zur Deutung der neuesten Experimente. 10. Aufl. Suhrkamp, Frankfurt am Main. Grundlegend die Debatte: Bennett M u. a. (2021) Neurowissenschaft und Philosophie. Gehirn, Geist und Sprache. Suhrkamp, Berlin.

487 Fuchs Th (2021) Das Gehirn – ein Beziehungsorgan. Eine phänomenologisch-ökologische Konzeption. 6., erw. und aktual. Aufl. Kohlhammer, Stuttgart.

eines neuronalen Systems wäre nichts ohne die transaktionale Einheit von Biosphäre und Soziosphäre als ein Funktionsgewebe einer Bio-Sozio-Komplex-Sphäre.

2. Der Transaktionalismus von Jakob von Uexküll[488] als Schlüssel des Zugangs

Jakob (Johann Baron) von Uexküll[489] hat eine Schlüsselposition im Stammbaum der Entwicklung der hier interessierenden Theoriebildung von Organismus und Umwelt.

Berühmt und zumeist zitiert mit Blick auf seine theoretische Biologie[490] sind seine „Streifzüge“[491]. In der 1956er-Ausgabe[492] schrieb Adolf Portmann das Vorwort. Seine Idee des Kreislaufs des Merkens (und damit des Erfahrungsaktes, der Gedächtnis konstituiert[493]) der Umwelt (Merkkreis) seitens des Organismus einerseits und andererseits des Wirkens des Organismus auf die Umwelt (Wirkkreis) – mitunter als „Funktionskreis“[494] thematisiert – ist für mich maßgeblich geworden für das Verständnis des Alterns als Entwicklungskontextualismus des kompetenten Subjekts in meiner „geron-

488 Uexküll J von (2015) Niegeschaute Welten. Die Umwelten meiner Freunde. Fischer, Frankfurt am Main.

489 Jaroš F & Brentari C (2022) Organisms as subjects: Jakob von Uexküll and Adolf Portmann on the autonomy of living beings and anthropological difference. History and Philosophy of the Life Sciences (2022) 44 (3): S. 1–23.

490 Uexküll J J (1973) Theoretische Biologie. Suhrkamp, Frankfurt am Main. Das Vorwort schrieb hierbei der wiederum auch für uns interessante Medizinpsychologe Rudolf Bilz. Vgl. zu ihm Peters S L (2004) Rudolf Bilz 1898–1976. Leben und Wirken in der Medizinischen Psychologie. Königshausen & Neumann, Würzburg.

491 Jetzt wieder neu editiert: Uexküll K von (2022) Streifzüge durch die Umwelten von Tieren und Menschen. Bedeutungslehre. Matthes & Seitz, Berlin.

492 Uexküll J von mit Kriszat G (1956) Streifzüge durch die Umwelten von Tieren und Menschen: Ein Bilderbuch unsichtbarer Welten. Bedeutungslehre. Mit einem Vorwort von Adolf Portmann. Rowohlt, Hamburg. Vgl. auch Katja Kynast K (2022) Bilder der Umwelttheorie Fotografien, Zeichnungen und Schemata bei Jakob von Uexküll. Diss. Humboldt Universität Berlin: https://doi.org/10.18452/24169.

493 Falkner G G & Falkner R A (2020) Die Selbstgestaltung der Lebewesen in Erfahrungsakten. Eine prozessbiologisch-ökologische Theorie der Organismen. Alber, Freiburg i. Br./München.

494 Zum Gestaltkreis vgl. Weizsäcker V von (1997) Der Gestaltkreis. Theorie der Einheit von Wahrnehmen und Bewegen. Suhrkamp, Frankfurt am Main.

tologischen Sozialpolitiklehre“[495]. Bei Blumenberg[496] und bei Agamben[497] wird nicht nur Gehlen rezipiert, sondern auch Jakob von Uexkül. Hier dürfte auch ein Bogen zu schlagen sein zum Beitrag des Sohnes Thure von Uexkühl[498], des Begründers der Psychosomatik[499], zur Semiotik[500].

3. Das Richtige in falscher Begrifflichkeit – der Beitrag von Arnold Gehlen

Arnold Gehlen[501] (im Studium lasen wir dazu die Studie von Jonas[502] und setzten uns mit Dieter Claessens Theorem der „zweiten, sozio-kulturellen Geburt“[503] u. a. im Kontext der Familiensoziologie auseinander) ist neuerdings – mit Blick auf Institutionen[504] wie Staat und Religion – wieder stark rezipiert worden.[505]

Für mich ist mit vorliegendem Themenzusammenhang jedoch die interessante Studie von Wöhrle[506] bedeutsam. Gehlen – so werte ich die Analyse von Wöhrle für mich aus – hat mit dem Mangel in der biologischen Konstitution richtigerweise den *homo institutionalis* konstituiert, aber hier liegt

495 Schulz-Nieswandt F, Köstler U & Mann K (2022) Gestaltwerdung als Gelingen der Daseinsführung im Lebenszyklus. Das Erkenntnisinteresse der Kritischen Wissenschaft von der „gerontologischen Sozialpolitik“. Nomos, Baden-Baden.

496 Blumenberg H (2014) Beschreibung des Menschen. Suhrkamp, Frankfurt am Main.

497 Agamben G (2003) Das Offene: Der Mensch und das Tier. Suhrkamp, Frankfurt am Main.

498 Leiß O (2020) Konzepte und Modelle Integrierter Medizin. Zur Aktualität Thure von Uexkülls (1908–2004). transcript, Bielefeld.

499 Uexküll Th von (1963) Grundfragen der psychosomatischen Medizin. Rowohlt, Reinbek bei Hamburg. Vgl. auch Geisthövel A & Hitzer B (Hrsg) (2019) Auf der Suche nach einer anderen Medizin. Psychosomatik im 20. Jahrhundert. Suhrkamp, Berlin.

500 Krampen M (2004) Thure von Uexküll – Arzt, Wissenschaftler, Semiotiker. Zeitschrift für Semiotik 26 (3/4): S. 421–428

501 Vgl. insb. Gehlen A (1940) Der Mensch. Seine Natur und seine Stellung in der Welt. Junker und Dünnhaupt, Berlin.

502 Jonas F (1966) Die Institutionenlehre Arnold Gehlens. Mohr Siebeck, Tübingen.

503 Claessens D (1962) Familie und Wertsystem. Eine Studie zur zweiten sozio-kulturellen Geburt des Menschen. Duncker & Humblot, Berlin.

504 Magerski Chr (2021) Die Macht der Institution. Zum Staatsverständnis Arnold Gehlens. Nomos, Baden-Baden sowie Ley F (2009) Arnold Gehlens Begriff der Religion. Ritual – Institution – Subjektivität. Mohr Siebeck, Tübingen.

505 Thies Chr (2007) Gehlen zur Einführung. 2., erg. Aufl. Junius, Hamburg; Waller St (2015) Leben in Entlastung. Mensch und Naturzweck bei Arnold Gehlen. UVK, Konstanz; Delitz H (2011) Arnold Gehlen. UVK, Konstanz.

506 Wöhrle P (2010) Metamorphosen des Mängelwesens. Zu Werk und Wirkung Arnold Gehlens. Campus, Frankfurt am Main/New York.

kein Mangel, sondern eine evolutionäre Stärke des Menschen begründet. Es gibt eine Lücke, die gefüllt wird, aber diese Lücke ist eine von Kreativität gefüllte Leerstelle, die kein Nachteil ist, sondern ein schöpferischer Möglichkeitsraum.

Eine Alternative der Interpretation mag ein Rekurs auf Cornelius Castoriadis[507] sein: „Magma“[508] bezeichnet bei ihm eine nicht weiter begründbare apriorische Ausstattung – eine Kraftquelle[509] – des Menschen: die Fähigkeit zu imaginieren[510] und schöpferisch zu sein.

Die Metapher-Eigenschaft des Magmas wird signifikant, wenn man an den Vulkanismus denkt, um zu verstehen, wie aus der Tiefe die Kraft nach oben drängt. Dabei kommen wir an die Grenze der Metapher, wenn man die zerstörerische Kraft des Vulkanausbruchs in den Blick nimmt. Aber auch die Destruktivität als Potenzial der *conditio humana* basiert auf einer Kraftquelle. In der orthodoxen Psychoanalyse kennen wie beides: den Lebenstrieb und den Todestrieb. In der modernen Psychodynamik thematisieren wir die Probleme der Affektregulierung. Diese Probleme sind verknüpft zu sehen mit Übertragungsmechanismen.

4. Natur und Kultur – Zzischen Dualismus als binärer Code und Einheit mit eingebauter Differenz

Ich greife nochmals die bereits angesprochene Kontroverse um den Dualismus von Natur und Kultur auf. Meine Argumentation weiter oben bestand darin, diesen Dualismus im Werk von Adolf Portmann gar nicht erkennen zu können. Adolf Portmann forschte nach der Ganzheit als Einheit der beiden Pole von Stoff (Bios) und Geist, korreliert mit zwei Typen des Naturforschers (BuG S. 65 ff.) zwischen – wie ich es auf den Punkt bringen würde – Naturalismus und semiotischer Hermeneutik in Bezug auf Innerlichkeit und Ausdrucksgestalt, ein Zusammenhang, den ich als Einheit von

507 Schmincke H-U (2000) Vulkanismus. WBG, Darmstadt.

508 Pechriggl A (2022) Castoriadis: Denker der Revolution – Revolution des Denkens. transcript, Bielefeld.

509 Menke Chr (2008) Kraft. Ein Grundbegriff ästhetischer Anthropologie. Suhrkamp, Frankfurt am Main.

510 Condoleo N (2015) Vom Imaginären zur Autonomie. Grundlagen der politischen Philosophie von Cornelius Castoriadis. transcript, Bielefeld sowie Wolf H (Hrsg) (2012) Das Imaginäre im Sozialen. Zur Sozialtheorie von Cornelius Castoriadis. Wallstein, Göttingen.

Generativität und Performativität als, wie es Tellenbach[511] thematisiert hat, „Endo-Kosmo-Genität" verstehen würde.

Der Geist ist dem Stoff nicht als ein Externes fremd, aber auch nicht dessen epigenetische Emergenz, sondern Wesensteil in der Innerlichkeit des Bios: im Vegetativen, im Animalischen und im Humanen. Dem Humanen kommt hierbei aber eine gewisse Sonderstellung zu. In „Biologie und Geist"[512] trägt Adolf Portmann dazu wesentliche Einsichten (u. a. vor allem aus den Eranos-Tagungen) vor.

Wir wollen nun nicht jedem Beitrag aus diesem Sammelband BuG textnah und relativ intensiv nachgehen und ausschöpfen, zumal es – ein normaler Effekt solcher Sammelbände örtlich und zeitlich verstreut publizierter Beiträge – eine gewisse Redundanz in einzelnen Teilen aufweisen mag, wobei die sprachliche Variation allerdings nicht nur erfrischend, sondern oftmals auch erhellend ist, zum Teil werden auch Konsequenzen kulturkritischer Art angeführt, die sich nicht in jedem Beitrag finden lassen, so die Kritik der aufkommenden biotechnischen Manipulation des Lebens, die in grundsätzlicher Weise (BuG S. 75) als Kritik an dem cartesianischen Dualismus der instrumentalisierenden Objektbesetzung der Welt durch das Forschungssubjekt der Wissenschaft der Neuzeit und ihrer Moderne verstanden wird, andererseits ganz explizit eine Kritik an Hitlers Faschismus darstellt (BuG S. 74). Diese dergestaltige Kritik erinnert mich sehr an die Kritik der instrumentellen Vernunft[513] in der Tradition der Frankfurter Schule. Adolf Portmann träumte von der Widervereinigung beider Weltbewältigunsgsverhältnisse, einerseits die der technischen Theorie, andererseits die der Ästhetik, als eine Verknüpfung von Mathematik und Physik einerseits und dem menschlichen Gefühlsleben[514] andererseits (BuG, S. 75), eine Entwicklungsaufgabe des Okzidents, die nämlich darin

511 Tellenbach H (2011) Melancholie. Problemgeschichte – Endogenität – Typologie – Pathogenese Klinik. Nachdruck. 4. Aufl. De Gruyter, Berlin.

512 Portmann A (1963) Biologie und Geist. (1957). Herder, Freiburg i. Br.

513 Vgl. dazu nochmals in Schulz-Nieswandt F, Chardey B & Möbius M (2023) Zur Kritik der innovativen Vernunft. Der Mensch als Konjunktiv. Nomos, Baden-Baden. Vgl. auch Schulz-Nieswandt F (2021b) Wann ist eine soziale Innovation innovativ? Der erkenntnistheoretische Status eines „Index der Non-Exklusion". Berlin. www.kda.de.

514 Dazu auch Diehl R R (2023) Mitten in Eden. Ursprung und Evolution menschlicher Gefühle. Königshausen & Neumann, Würzburg.

bestünde, wieder eine Balance[515] zu finden, die hier Adolf Portmann ausformuliert (BuG S. 74 ff.).

Adolf Portmann führt diese kulturgeschichtlich-kritischen Reflexionen in Auseinandersetzung mit der Bedeutung des mythischen Denkens – mit Bezug auf Gaston Bachelord[516] (BuG S. 84; auch S. 92 f., S. 156) – fort (BuG S. 84 ff.). Adolf Portmann taucht hier sogar in mythopoetische Metaphernanalysen ein, etwa den Traum von Fliegen. Der Mythos von Ikarus[517] steht hier Pate. Seine Ausführungen erinnern an die „Dialektik der Aufklärung" bei Theodor W. Adorno und Max Horkheimer.[518] Er vertieft sich in die imaginative Kraft (BuG S. 139) – Bezüge zu Carl Gustav Jung (u. a. BuG S. 107; zu den „Urbildern" dann S. 110 ff., S. 176 f. und S. 181, zum Archetypus der Vertikalbeziehung des Menschen zum „Licht oben" mit Bezug auf das ptolemäische Weltbild[519] und menschliche Selbstverständnis: S. 183 ff., auch mit Bezug auf Eliade: S. 184) sind evident – der Dichtung: „Wir Menschen sind für alle Zeit Ptolemäer der Sinne."[520]

Auch behandelt Adolf Portmann die Kategorie der Zeit im Kontext der Lebensformen: „Jede Lebensform ist vor uns als eine Gestalt, die nicht nur im Raume, sondern auch in der Zeit ihre artgemäße Entfaltung erfährt" (BuG S. 127). Gerade in der hohen Lebensform des Menschen verknüpft sich die einmalige Entwicklungsaufgabe, leere Zeit zu füllen, mit der „Aufgabe des humanen Daseins", weil die Menschen schaffende Wesen des Prinzips des Schöpferischen sind (BuG S. 141). Erst so wird die Differenz von (maschineller) Existenz und (menschlichem, auf Sinnschöpfung abstellendem) Dasein verständlich.

Adolf Portmann schlägt den Bogen von der allgemeinen Biologie zur Anthropologie, und er bestimmt dort (BuG) die Fragen des Wertes der

---

515 Portmann A (1976) An den Grenzen des Wissens. Vom Beitrag der Biologie zu einem neuen Weltbild. Fischer, Frankfurt am Main: S. 114 ff.

516 Bachelard G (1988) Der neue wissenschaftliche Geist. Suhrkamp, Frankfurt am Main sowie Bachelard G (1980) Die Philosophie des Nein. Versuch einer Philosophie des neuen wissenschaftlichen Geistes. Suhrkamp, Frankfurt am Main.

517 Koerner J L (1983) Die Suche nach dem Labyrinth. Der Mythos von Dädalus und Ikarus. Suhrkamp, Frankfurt am Main.

518 Horkheimer M & Adorno Th W (1969) Dialektik der Aufklärung. S. Fischer, Frankfurt am Main.

519 Illies J (1981) Adolf Portmann. Ein Biologe vor dem Geheimnis des Lebendigen. Herder, Freiburg i. Br. u. a.: S. 29 f.

520 Portmann A (1965) Aufbruch der Lebensforschung. Rhein-Verlag, Zürich: S. 32.

Gruppenzugehörigkeit für das Individuum[521] einerseits wie auch die Frage nach dem erfüllten Einzeldaseins des Individuums (BuG S. 9) andererseits. Die Frage lautet, wie das Wesen des Menschlichen in seinen höchsten Stufen in den Kosmos des Lebens eingebaut ist (BuG S. 10). Dabei geht es bei aller Ehrfurcht[522] vor dem Stofflichen um die „unerhörte Macht und Weite" der „schöpferische(n) Eigenheit der geistigen Welt" (BuG S. 10).

Die Wege der Forschung führten Adolf Portmann hierbei bzw. hierzu aus einigen Bereichen der vergleichenden Entwicklungsgeschichte (Vögel, Säuger, Tintenfische und marine Tiergruppen) zu einer komplementären[523] (BuG S. 140) Gestaltlehre und einer entsprechenden Verhaltensforschung (BuG S. 10), die sich allein aus Physik und Chemie nicht vollumfänglich erschließen lassen. Es geht um die sinnlich erfahrbaren lebendigen Gestalten (BuG S. 11). Strukturen bzw. Bilder sind erkennbar durch den „Einbau von Sinnesorganen als Vermittler der Weltbeziehung in Erleben und Handeln" (BuG S. 146). Bilder sind – was uns in das weite Feld der modernen Bildwissenschaft[524] führt – nicht einfach Abbildungen, sondern Transformationen (BuG S. 148). Die Sicht auf das Problem der Mimesis[525] hat sich seit der Antike stark gewandelt. Mimetik ist nicht mehr verstehbar als unbedingte Anschauung als Abbildung von etwas, sondern eine interpretative Rekonstruktion, weder reiner Konstruktivismus noch eben reiner Naturalismus. Ich selbst vertrete den wissenschaftstheoretischen Standpunkt eines rekonstruktiven Realismus[526], der eine Einheit von Produktions- und

---

521 Dazu auch Wilson E O (2013) Die soziale Eroberung der Erde. Eine biologische Geschichte des Menschen. Beck, München.

522 Vgl. auch Meyer-Abich K M (1990) Aufstand für die Natur. Von der Umwelt zur Mitwelt. Hanser, München/Wien.

523 Dazu – auf den wissenschaftstheoretisch-methodologischen, ich würde sagen, auch ontologischen Status dieser Kategorie der Komplementarität verweisend – auch Wahlert G von (1972) Adolf Portmann. Versuch einer Würdigung. Reinhardt, Basel: S. 34.

524 Sachs-Hombach K (Hrsg) (2005) Bildwissenschaft. Disziplinen, Themen, Methoden. 4. Aufl. Suhrkamp, Frankfurt am Main sowie Probst J & Klenner J Ph (Hrsg) (2009) Ideengeschichte der Bildwissenschaft. Siebzehn Porträts. 2. Aufl. Suhrkamp, Frankfurt am Main. Ferner Rimmele M & Stiegler B (2019) Visuelle Kulturen/Visual Culture zur Einführung. 2., erg. Aufl. Junius, Hamburg.

525 Balke F (2018) Mimesis zur Einführung. Junius, Hamburg.

526 Schulz-Nieswandt F (2021) Rekonstruktive Sozialforschung als strukturale Hermeneutik. Eine dichte Grundlegung. Nomos, Baden-Baden sowie Schulz-Nieswandt F, Bruns A, Köstler U & Mann K (2022) Was ist „struk-jektive Hermeneutik"? Objektive Hermeneutik, Dokumentarische Methode der praxeologischen Wissenssoziologie und post-strukturale Kritische Theorie. Nomos, Baden-Baden.

Rezeptionsästhetik[527] anvisiert. Der Sinn liegt im Objekt, kann aber nicht ohne die Rolle des wahrnehmenden Subjekts der Interpretation rekonstruiert werden, wobei gilt: Nicht das Subjekt hat die Wahrnehmung, die Wahrnehmung hat – skripttheoretisch verstanden – das Subjekt.[528]

Zurück zur Position von Adolf Portmann. In seiner Gestaltlehre zeigen sich auch die Schönheiten. Von den objektiven Formen des Geistes, die der Mensch bildet, ist als Geist die innere Kraftquelle des Menschen zu unterscheiden (BuG S. 13). Nochmals sei hervorgehoben (BuG S. 14): Der Geist ist dem Stoff nicht als ein Externes fremd, aber auch nicht dessen Emergenz, sondern Teil des Wesens in der Innerlichkeit des Bios: im Vegetativen, im Animalischen und im Humanen. Dem Humanen kommt hierbei aber eine gewisse Sonderstellung zu. Mit Glauben an bestimmte religiöse Vorstellungen habe dies nichts zu tun (BuG S. 14).

Organismen sind (BuG S. 15) relativ geschlossene Systeme mit der mutativen Möglichkeit der Veränderung, und sie stehen im Austausch mit der Umwelt. Auf höchster Stufe der Entwicklung finden wir bei dem Menschen eine Innerlichkeit (BuG S. 16 f.). Die inneren Antriebskräfte – nicht hinreichend als Instinkte fassbar (vgl. auch BuG S. 50) – müssen dabei in ihrer Struktur als Schemata verstanden werden. Dabei führt die Analyse zu „Erscheinungen der Freiheit“ (BuG S. 20; ferner S. 56). Dazu gehört auch das Spielerische. Dies bedeutet eine Absage an den reinen Funktionalismus, der die Natur an die Notwendigkeit und somit an die Zweckmäßigkeit aller Formelemente knüpft (BuG S. 10).

Insgesamt führt uns diese gestalttheoretische Forschung der Morphologie in die Welt der Ausdrucksformen (BuG S. 219). Diese haben einen eigenständigen Darstellungswert, und Adolf Portmann bezieht sich (BuG S. 22 FN 4) auf F. J. J. Buytendiek, der vom „demonstrativen Seinswert“ spricht.

In seinem von philosophischen Bezugssystemen reichen Buch über „Mensch und Tier“ problematisiert Buytendijk[529] wichtige Differenzen: so zwischen Umwelt und Welt, zwischen Ursache und Motiv, Bezogenheit

527 Zum Problemfeld: Jauß H R (1991) Ästhetische Erfahrung und literarische Hermeneutik. 4. Aufl. Suhrkamp, Frankfurt am Main.

528 Vgl. auch Poljansek T (2022) Realität und Wirklichkeit. Zur Ontologie geteilter Welten. transcript, Bielefeld.

529 Buuren J van (2010) Buytendijk und die Philosophische Anthropologie. In Becker R, Fischer F & Schloßberger M (Hrsg) (2010) Philosophische Anthropologie im Aufbruch: Max Scheler und Helmuth Plessner im Vergleich. Internationales Jahrbuch für Philosophische Anthropologie. Akademie Verlag, Berlin: S. 285–300.

und Erleben, Organismus und Subjekt, Haben oder Wählen, Handlung und Leistung, kurz und dicht auf den Punkt gebracht: „Die Welt ist dem Menschen Gabe *und* Aufgabe, die er versteht und aus freier Initiative beantwortet."[530] Dies wirkt sich auch auf die Kategorien von Raum und Zeit im Dasein aus. Die Arten der Wahrnehmung und Fragen des Verstehens der „Bedeutung der Bedeutung", die Rolle der Dinge und das Gestalten sowie die Formen der sozialen Gesellung und die Rolle der Sprache, die Mittel-Ziel-Relationen und die Rolle der Symbole[531] usw.[532] werden von Buytendijk[533] entsprechend in ihren spezifisch menschlichen Eigenarten herausgearbeitet.

Adolf Portmann betont die Notwendigkeit des Verstehens (des „Zeichenwert[s]": BuG S. 25) dieser „Wert-vollen" Oberflächen, vergleichbar mit dem Erlernen fremder Sprachen (BuG S. 24). Der relativ geschlossene Organismus generiert demnach ein „offenes System der Darstellung" (BuG S. 25). Der Mensch ist nun nach seiner Geburt durch eine lange Zeit des Werdens als ein lernendes Hineinwachsen in die Sozialstruktur geprägt (BuG S. 26):

530 Buytendijk F J J (1970) Mensch und Tier. Ein Beitrag zur vergleichenden Psychologie. Rowohlt, Hamburg: S. 41 (kursiv auch im Original).

531 Buytendijk war stark phänomenologisch orientiert: Vgl. z. B. Buytendijk F J J (1951) Zur Phänomenologie der Begegnung. Eranos-Jahrbuch 19: S. 431–486.

532 Buytendijk F J J (1956) Allgemeine Theorie der menschlichen Haltung und Bewegung. Springer, Berlin sowie Buytendijk F J J (1958) Das Menschliche: Weg zu seinem Verständnis. Koehler, Stuttgart.

533 Bedeutsam für seinen Werdegang und seine Werkentwicklung war der Kontakt mit Hans Driesch und mit Max Scheler (vgl. Portmann A [1965] Aufbruch der Lebensforschung. Rhein-Verlag, Zürich: S. 229 f.), die Aufnahme von Strömungen der Phänomenologie sowie von Fragestellungen der Philosophischen Anthropologie, der Gestalttheorie und der theoretischen Biologie sowie der Verhaltensforschung. Mit Helmuth Plessner war er ebenso befreundet wie mit Viktor von Weizsäcker und Victor Emil von Gebsattel. Vgl. insbesondere Weizsäcker V von (1997) Der Gestaltkreis. Theorie der Einheit von Wahrnehmen und Bewegen. Suhrkamp, Frankfurt am Main sowie Gebsattel V E von (1054) Prolegomena einer medizinischen Anthropologie. Ausgewählte Aufsätze. Springer, Berlin u. a. Zu Gebsattel – Mitglied des sog. Wengener Kreises der daseinsanthropologisch fundierten phänomenologischen und hermeneutischen Psychiatrie – vgl. auch in Schulz-Nieswandt F (2023) Integrierte Versorgung als humangerechte Mutation der Medizinkultur. Das Elend einer Selbstblockierung eines kranken Sektors. LIT, Berlin u. a. Zum Wengener Kreis vgl. Passie T (1995) Phänomenologisch-anthropologische Psychiatrie und Psychologie. Eine Studie über den „Wengener Kreis": Binswanger – Minkowski – von Gebsattel – Straus. Guido Pressler, Hürtgenwald. Zur Gestaltkreis-Idee vgl. auch Zybowski P (2008) Rezensions- und Rezeptionsgeschichte zu „Der Gestaltkreis. Theorie der Einheit von Wahrnehmen und Bewegen" von Viktor von Weizsäcker. Diss. Medizinische Fakultät der Charité – Universitätsmedizin Berlin.

„Das menschliche Leben ist primär, in seiner ganzen Struktur bereits sozial.“ (BuG S. 26) Ontogenese und Sozialeben gehören innig zusammen (BuG S. 27).

Der Mensch ist durch „Entscheidungsfreiheit“ ausgestattet (BuG S. 56) und mit der Fähigkeit der Selbstreflexion (BuG S. 56) als Funktion einer distanzierten Selbstbetrachtung. All dies wurzelt in der langen extrauterinen Reifung (BuG S. 57 f.).

Hier spielt der Zusammenhang von Kultur und Sprache (auch Lachen[534] und Weinen[535]: BuG S. 32 f.) bis hin zu Täuschung und Maskerade eine Rolle (BuG S. 28 f.). Gegenüber Scheler sieht Adolf Portmann den Geist schon im menschlichen „Plasmagefüge“ (BuG S. 35) vorhanden. Dem widerspricht nicht die Idee der Notwendigkeit einer langen Reifung: „Lange Jahre der Entwicklung!“ (BuG S. 37): eine „Langsamkeit der nachgeburtlichen Entwicklung“ (S. 38). Diese Langsamkeit ist jedoch keine Schwäche, kein Defizit, sondern ist als Stärke und Vorteil (BuG S. 56 f.) geknüpft an das einzigartige gesonderte (BuG S. 63) hohe Niveau der Ausbildung einer Kultursphäre: „Überall in unserer Entwicklung zeigt sich anfänglich bereits unsere Sonderart, die mit der gesamten humanen Eigenart der Reifung in festem Zusammenhang steht.“ (BuG S. 39) Daraus erwächst das Phänomen der „Führung seines Daseins“ (BuG S. 40), die sich objektiviert in geistigen Formen „in Sprache und Mythos, Theorie, Kunst und Religion“.

Mag es auch eine große Diversität in der weltweiten Kultursphäre (vgl. Adolf Portmanns Kritik des Primitivismus in der Ethnologie und Kulturgeschichte: BuG S. 51) geben, so liegt hier eine Universalie vor. Modern ausgesprochen: Die Reifung der Ontogenese korreliert (vgl. auch BuG S. 57; S. 63) mit der generativen Performativität der Formen des objektiven Geistes: Produktiv setzt sich der Mensch mit dieser Formenwelt auseinander (BuG S. 41). Auch das Gehirn – das nicht als isoliertes „Führungszentrum“ verstanden werden kann – muss hier in Wechselwirkung zur Symbolwelt der Kultursphäre gesehen werden (BuG S. 45). Und mit Blick auf das „Su-

534 Lenz Prütting L (2923) Spielräume des Lachens. Eine anthropologische Studie. Königshausen & Neumann, Würzburg.

535 Möhrmann R (Hrsg) (2015) „So muß ich weinen bitterlich“. Zur Kulturgeschichte der Tränen. Kröner, Stuttgart. Ferner Woschitz K M (2022) Lachen und Weinen. Die Expressivität menschlicher Innerlichkeit – eine Kulturgeschichte. Herder, Freiburg i. Br. u. a. sowie Nitschke A, Bauer D R & Stagl J (Hrsg) (2009) Überraschendes Lachen, gefordertes Weinen. Gefühle und Prozesse. Kulturen und Epochen im Vergleich. Böhlau, Wien.

chen nach der wahren Form des Daseins“ (BuG S. 64) ist die Frage nach einem Gelingen und Scheitern des und der Menschen offen (BuG S. 284).

Diese Tiefe einer kritischen Kulturdiagnose unserer technischen Zivilisation – heute würde man ergänzen: im Anthropozän[536] – hat Adolf Portmann in dem Beitrag „Die Erde als Heimat des Lebens“ dargelegt (BuG S. 170 ff.) Es geht um die „uralten Fragen als echte Lebensaufgaben“ (BuG S. 170). Auch wenn das kopernikanische Weltbild – der Fortschritt (verknüpft mit Staunen, Sorge, Schrecken, Wehmut) wie auch die schicksalhafte Entfremdung[537] – objektiv zutreffend ist, so ist das Verhältnis des Menschen ptolemäischer Art im Sinne der Erdverbundenheit, die heute im utilitaristischen Funktionalismus verloren gegangen ist. Adolf Portmann sieht dies als riskanten Verlust eines Archetypus an.

Seine zwischen Ernst und Freude, zwischen Tiefe und Heiterkeit angesiedelte Bildungstheorie führt die Wissenschaft nicht zum Herrschaftswissen. Er problematisiert die Möglichkeit der Biologie als „technische Weltmacht“[538]. Mit Blick auf die „Herrschaft von Wissenschaft und Technik“ schreibt Adolf Portmann: „Das Wort von der Entfremdung ruft nach den Wegen des Heimfindens.“[539] Man wird eine letzte absolute Norm als Grenze der menschlichen prometheischen Hybris ziehen müssen (die Adolf Portmann nicht als christlich definiert). An vielen anderen Stellen macht er deutlich, welche Norm er meint: die Ehrfurcht[540] vor dem Leben.[541]

Wenn Portmann von „Planung“ redet[542], dann meint er einerseits den planenden Menschen, andererseits das wissenschaftliche System der „Biotechniker“[543] als „Menschenplaner“[544], das visioniert, wie der Mensch zur

536 Dazu auch Oberlin G (2023) Schlaraffenland. Fluch und Segen des Wohlstands. Königshausen & Neumann, Würzburg.

537 Portmann A (1967) Alles fließt. Wege des Lebendigen. Herder, Freiburg i. Br. u. a.: S. 155.

538 Portmann A (1970) Biologie als technische Wissenschaft. Verlag der Arche, Zürich.

539 Portmann A (1970) Biologie als technische Wissenschaft. Verlag der Arche, Zürich: S. 36.

540 Eine Quelle dieser Erziehung zur Haltung der Ehrfurcht könnte auch bei Goethe liegen: Klünker W U (1987) Goethes Idee der Erziehung zur Ehrfurcht. Die Pädagogische Provinz in dem Roman „Wilhelm Meisters Wanderjahre oder die Entsagenden“. Diss. Göttingen.

541 Die mögliche Beziehung zur Ethik von Albert Schweitzer kann ich nicht beurteilen. Vgl. auch Günzler C (1996) Zur pädagogischen Dimension von A. Schweitzers Konzept der ethischen Persönlichkeit. Lehren und Lernen 22 (6): S. 31–39.

542 Portmann A (1973) Vom Lebendigen. Suhrkamp, Frankfurt am Main: S. 111 ff.

543 Portmann A (1973) Vom Lebendigen. Suhrkamp, Frankfurt am Main: S. 113.

544 Portmann A (1973) Vom Lebendigen. Suhrkamp, Frankfurt am Main: S. 117.

Optimierung umgeplant werden kann, und nimmt hier technik- und herrschaftskritisch post- und transhumanistische Diskurse der Gegenwart vorweg. Und er ist hier geradezu antirassistisch.[545] Und er fragt, ob der sogenannte Primitive wirklich primitiv ist, weil doch der rationale Mensch sich selbst domestizieren lässt.[546] Das sogenanante prälogische Denken der sogenannten primitiven Wilden sei eine entwickelte Form der Imagination.[547] Mit Bezug auf die Ethnologie von Leo Frobenius[548] wird den sogenannten Primitiven ihre Würde zurückgegeben.[549] Blind sei der moderne Rationalismus für die Wahrheit der Kulturhöhe der „Fähigkeit zum Ergriffensein".[550] Menschenschutz sei hier Naturschutz, und umgekehrt.

Mit dem Beitrag zu den Metamorphosen als „Wandlung des Individuums und des Typus" (BuG S. 187 ff.) bereitet Adolf Portmann weitere Einsichten vor. Denn es kommt zum Übergang zur („basalen": BuG S. 234 ff.) Anthropologie, die in den Spielräumen der Freiheit der Entscheidungen den Kern der *conditio humana* – hierbei u. a. dem Denken von Hannah Arendt[551] verwandt – zum Thema macht (BuG S. 216). Die Umweltgebundenheit transformiert sich über die Weltoffenheit (weniger eine „offene Wunde" als eine „auf Vollendung harrende Blüte": BuG S. 216 f.) in der Gestalt der Sozialität und ihren Kommunikationsmöglichkeiten zum Freiraum des – auch spielerischen – Schöpferischen. Hier wird – wenn der Gedanke eingeflochten werden darf – plausibel nachvollziehbar, warum sich Hannah Arendt im Kern ihrer politischen Philosophie auf Adolf Portmann beziehen kann. Vor allem arbeitet hier Adolf Portmann seine Reflexionen zu „Goethes Naturforschung" (BuG S. 219 ff.) vor.[552] Es ist die Erkenntnis der

545 Portmann A (1973) Vom Lebendigen. Suhrkamp, Frankfurt am Main: S. 112.

546 Portmann A (1973) Vom Lebendigen. Suhrkamp, Frankfurt am Main: S. 127.

547 Portmann A (1973) Vom Lebendigen. Suhrkamp, Frankfurt am Main: S. 129.

548 Frobenius (1921). Paideuma. Umrisse einer Kultur- und Seelenlehre. Beck, München. Dazu auch Streck B (2014) Leo Frobenius. Afrikaforscher, Ethnologe, Abenteurer. Societätsverlag, Frankfurt am Main sowie Henrichs H-J (1998) Die fremde Welt, das bin ich. Leo Frobenius. Ethnologe, Forschungsreisender, Abenteurer. Hammer, Wuppertal.

549 Portmann A (1973) Vom Lebendigen. Suhrkamp, Frankfurt am Main: S. 132.

550 Portmann A (1973) Vom Lebendigen. Suhrkamp, Frankfurt am Main: S. 133.

551 Vgl. auch in Martynkewicz W (2022) Das Café der trunkenen Philosophen. Wie Hannah Arendt, Adorno & Co. das Denken revolutionierten. Aufbau Verlag, Berlin sowie Eilenberger W (2022) Feuer der Freiheit. Die Rettung der Philosophie in finsteren Zeiten (1933–1943). Klett-Cotta, Stuttgart.

552 Zu Goethes Naturforschung vgl. auch Bollmann St (2022) Der Atem der Welt. Johann Wolfgang Goethe und die Erfahrung der Natur. Klett-Cotta, Stuttgart. Vgl. auch Böhme H (2016) Natur und Figur. Goethe im Kontext. Fink, München.

Möglichkeit einer ästhetischen Naturforschung (zu der hin auch Erziehung wirksam sein kann: BuG S. 247 ff.) aus der staunenden Ehrfurcht vor den Formen des Lebens (BuG S. 224 f.). Gerade an diesem Punkt verweist Adolf Portmann erneut auf die Situation der heutigen Menschen „am Rande des Abgrundes" im technischen Zeitalter (BuG S. 225; 226 f.). Er thematisiert ein „Halt!" als Aufgabe allgemeiner Verantwortung[553] als „Ehrfrucht vor dem Lebendigen" (BuG S. 227). Goethes Forschung charakterisiert Adolf Portmann als Haltung der „Gewaltlosigkeit" (BuG S. 227, 228): eine Vorwegnahme der aktuellen Ideen epistemischer[554] Gewalt in verschiedenen Themenfeldern. Michel Foucault[555] verstand unter „Episteme" das „historische *a priori*", das das Wissen und dessen (mitunter problematisierende) Diskurse begründet und paradigmatisch[556] wirkt.[557] Es repräsentiert dadurch die Bedingung der Möglichkeit von Wissen innerhalb einer bestimmten Epoche.

Betreibt man nicht einfach Wissenschaftsgeschichte, sondern historische Epistemologie des Wissens[558], dann wird deutlich, dass es um den Wandel von Weltbildern im habituellen Modus kollektiv geteilter Denkstile[559] geht.

„Naturschau" ist eher ein achtsames[560] Schauen aus der transnaturalistischen Haltung des Staunens – verbunden mit einer poetischen (BuG

---

553 Wahlert G von (1972) Adolf Portmann. Versuch einer Würdigung. Reinhardt, Basel: S. 26.

554 Dazu auch Canguilhem G (2006) Wissenschaft, Technik, Leben. Beiträge zur historischen Epistemologie. Merve, Berlin. Vgl. auch Ebke Th (2012) Lebendiges Wissen des Lebens. Zur Verschränkung von Plessners Philosophischer Anthropologie und Canguilhems Historischer Epistemologie. Akademie Verlag, Berlin.

555 Foucault M (1974) Die Ordnung der Dinge. Suhrkamp, Frankfurt am Main.

556 Zum paradigmatischen Denken vgl. auch in Schulz-Nieswandt F (2023) Die Europäische Union und die Eule der Minerva. LIT, Berlin u. a.

557 Vgl. auch Knorr Cetina K (2016) Die Fabrikation von Erkenntnis. Zur Anthropologie der Wissenschaft. Erw. Neuaufl. Suhrkamp, Berlin sowie Knorr Cetina K (2002) Wissenskulturen. Ein Vergleich naturwissenschaftlicher Wissensformen. 2. Aufl. Frankfurt am Main, Suhrkamp.

558 Rheinberger H-J (2007) Historische Epistemologie zur Einführung. 2. Aufl. Junius, Hamburg. Dazu auch Reiß Chr (2022) From Organismic Biology as History and Philosophy to the History and Philosophy of Biology – the Work of Hans-Jörg Rheinberger in the German Context. Berichte zur Wissenschaftsgeschichte 45: S. 384 – 396.

559 Fleck L (1980) Entstehung und Entwicklung einer wissenschaftlichen Tatsache. Einführung in die Lehre vom Denkstil und Denkkollektiv. 13. Aufl. Suhrkamp, Frankfurt am Main.

560 Conradi E & Vosman F (Hrsg) (2016) Praxis der Achtsamkeit. Schlüsselbegriffe der Care-Ethik. Campus Verlag, Frankfurt am Main/New York.

S. 228) und oftmals in der imaginativen[561] Arbeit metaphorologisch[562] geprägten Haltung – heraus: „Die Imagination ist die Sprache der Dichtung; sie ist die Erlebnisform des Traums; auch des Tagtraums." (BuG S. 229) Dabei werden oft die Bipolaritäten[563] zugunsten einer „kongruenten" Einheit des (im holistischen Sinne[564]) Ganzen gesucht (BuG S. 231). Gewiss geht für Adolf Portmann die Gestaltlehre des Naturforschers Goethe zu weit in dem Entfernen der Wissenschaft vom wissenschaftlichen Verständnis des Lebens. Aber im Kern ist es die Richtung, die Adolf Portmann im Modus der Komplementarität zur modernen reduktionistischen Naturwissenschaft selbst – dargelegt in wunderschönen Worten, zu denen die wissenschaftliche und dennoch poetische Schreibweise von Adolf Portmann fähig war – geht und gehen will (BuG S. 233): eine „Naturdeutung durch wissende Liebe" (BuG S. 233), womit die Frage nach der „Idee des Humanen in der gegenwärtigen Biologie" (BuG S. 272 ff.) gestellt werden muss und von Adolf Portmann auch gestellt wird.[565]

Es geht also immer um das lebenswissenschaftliche Weltbild im Modus der Idee der angemessenen „Welt(bewältigungs)verhältnisbestimmung", dabei implizit auch um einen „Kampf um das Menschenbild" (BuG S. 266 ff.).[566] Dabei hebt Adolf Portmann den Menschen als Naturwesen mit Geist gerade mit Blick auf die Sprache und sodann mit Blick auf seine Geschichtlichkeit hervor[567]: Er zeigt, wie „sehr die Geschichtlichkeit des

561 Jäger K (2009) Die Phänomenologie der poetischen Imagination bei Gaston Bachelard. Lang, Frankfurt am Main.

562 Blumenberg H (2013) Paradigmen zu einer Metaphorologie. 2. Aufl. Suhrkamp, Frankfurt am Main. Über Metaphern vgl. auch in Schulz-Nieswandt F (2023) Transnationale Zuwanderung der Sorgearbeit. Eine Problematisierung. Kohlhammer, Stuttgart.

563 Illies J (1981) Adolf Portmann. Ein Biologe vor dem Geheimnis des Lebendigen. Herder, Freiburg i. Br. u. a.: S. 114.

564 Meyer-Abich A (1948) Naturphilosophie auf neuen Wegen. Hippokrates-Verlag Marquardt & Cie, Stuttgart.

565 Dazu auch insgesamt instruktiv: Schilling R (2016) Liebe als Erkenntnisweise. Aspekte der Liebe im Verhältnis zur objektivierenden Naturerkenntnis. wbg Academic in Wissenschaftliche Buchgesellschaft (wbg), Paderborn.

566 Gesondert veröffentlicht in Portmann A (1856) Um das Menschenbild. Biologische Beiträge zu einer Anthropologie. Reclam, Stuttgart,

567 Insofern meine ich, dass die Kritik von Woschnak an dem Werk von Adolf Portmann vorbeizielt. Vgl. Woschnak W (2022) Grundzüge Philosophischer Anthropologie. Eine kritische Problemanalyse. Alber in Nomos, Baden-Baden. Adolf Portmann überträgt nicht Formen des Sozialverhaltens auf den Menschen, sondern erkennt eher die Differenz zwischen Mensch und sonstigen Tieren im Sinne einer Stufenlehre der Höherentwicklung. Übergreifend ist allerdings die reziproke Trans-

Daseins unsere Natur ist" (BuG S. 289). Das Dasein wird somit zur Aufgabe einer „Lebenskunst". Das Menschliche wird dergestalt „eine Sonderform des lebendigen Seins!" (BuG S. 282). Und Adolf Portmann wird hier – als „Wertung" (BuG S. 284) – sodann durchaus politisch (BuG S. 282 f.).[568] Hier zeigt sich einerseits eine Differenz zur Kritischen Theorie, die die Frage der Geltung transformativer Werte endogen aus der Modallogik des geschichtlichen Prozesses im Lichte des modernen Naturrechts der Würde des personalen Menschen ableitet,[569] andererseits fragt Adolf Portmann kritisch nach, ob die Universität[570] als Ort solcher Reflexionen überhaupt noch geeignet sei: Sie sei selbst schon verstrickt[571] in die problematischen Entwicklungen des technischen Naturbeherrschungs-Paradigmas (BuG S. 285).

Menschen sind – dabei definiert (BuG S. 63) in der (verstanden als Anti-Kartesianismus[572], den Adolf Portmann in seiner Würdigung der Psychosomatik[573] betont: BuG S. 239) Einheit von Geist und Natur, Geschichtlichkeit und Seele etc. – Naturwesen „mit" Geist. Gleichwohl könnte man die Kultursphäre des objektiven Geistes als „zweite, neue Natur" (BuG S. 64) verstehen. Sie ist aber eine in der Natürlichkeit *a priori* verwurzelte „Unnatur", gesondert und dennoch integrierter Teil der Natur als Allzusammenhang des Menschen. Geist ist kein Epiphänomen. Es geht also auch nicht um die Geschichte der Leib-Seele-Dualität in der Kulturgeschichte

aktionalität zwischen Organismus und Umwelt zu verstehen. Aber auch hier differieren die Formate. Der Mensch ist nicht Umwelt-gebunden, sondern in gestaltender Weise Umwelt-offen und auch zur Selbstveränderung angesichts der Umwelt fähig. Vgl. in Portmann A (1969) Das Tier als soziales Wesen. 2. Aufl. Suhrkamp, Frankfurt am Main: S. 171: „Eine Studie, die auf die biologischen Grundfragen gerichtet ist, muß an dieser Stelle mit der Darstellung der menschlichen Eigenart zurückhalten. Wäre doch eine solche Schilderung eine eigentliche Lehre vom Menschen, die nicht das Ziel dieses Buches sein kann." Vgl. z. B. dort S. 330 ff.

568 Ich verweise vor allem auf Portmann A (1946) Natur und Kultur im Sozialleben. Ein Beitrag der Lebensforschung zu aktuellen Fragen. 2. Aufl. Reinhardt, Basel.

569 Schulz-Nieswandt F (2018) Zur Metaphysikbedürftigkeit empirischer Alter(n)ssozialforschung. Nomos, Baden-Baden.

570 Schulz-Nieswandt F (2022) Die Deutsche Universität. Eine tragische Groteske. Königshausen & Neumann, Würzburg.

571 Portmann A (1967) Alles fließt. Wege des Lebendigen. Herder, Freiburg i. Br. u. a.: S. 144: „Alles fließt. (…) Wir sind selbst in dieses Geschehen verwoben und darin tätig." Und wir müssen selber den „weiteren Gang" der Dinge mitbestimmen, „indem wir die Kraft finden, eine freigewählte höhere Form" (…) „zu gestalten".

572 Portmann A (1965) Aufbruch der Lebensforschung. Rhein-Verlag, Zürich: S. 61 f.

573 Uexküll Th von (1963) Grundfragen der psychosomatischen Medizin. Rowohlt, Reinbek bei Hamburg.

der Philosophie und Theologie. Die Copula-Funktion des „mit" konzipiert den Menschen als Naturwesen mit Geist als Geist-beseeltes Naturwesen. Differenziert man zwischen Leib und Körper und versteht man die relationale Differenz nicht nur so, dass der Körper als Maschine vom *homo patiens* plötzlich doch als jemeiniger Leib begriffen wird, so könnte nun der Mensch als Leib-Wesen dergestalt begriffen werden, dass es hier um die Einheit der Strukturschichtung von Geist, Seele und Körper geht. Ich sehe aber nicht, dass die phänomenologischen Ansätze der Leibphilosophie[574] wirklich gut – also in einem umfänglichen Sinne der Treffsicherheit – eine Brücke schlagen können zu dem, was Adolf Portmann unter dem Menschen als geistiges Naturwesen oder als Naturwesen mit Geist verstanden hat. Auch muss, um die Komplexität der Modellierung der Ontoanthropologie der Personalität zu erreichen, das Geist-beseelte Naturwesen des Menschen in der sozialen Mit-Sein-Welt eingestellt werden. Die Wahrheit des Geistes, der als organisierende Idee das Subjekt reguliert, ist das Gelingen des sozialen Miteinanders. Dies führt uns einerseits zur Analyse des Scheiterns der „zweiten, sozio-kulturellen Geburt" im Lichte einer auf die Soziologie der Sozialstruktur-Milieus abstellenden psychodynamischen Bindungsforschung, andererseits auf das Verständnis des Gelingens als Subjektivierung des Subjekts im Modus des Person-Seins als Ausdrucksgestaltwahrheit in einem wahren Leben, in der der Mensch nicht (seinem Wesen als Subjekt der Liebe) entfremdet ist, weil er sein humangerechtes Potenzial in der Entfaltung nicht entfaltet.

Dies führt uns auch zu einem spezifischen Verständnis der Kultur als „zweite Natur" des Menschen. Der Mensch ist nicht eine abgesonderte zweite Natur mit Blick auf eine erste Natur als Naturwesen. Es gibt nur die Natur als Einheit von Natur und Geist: Geist ist Natur und Natur ist – im Fall des Menschen – gelingender oder gescheiterter Geist. Im Fall des Menschen gibt es keine „Geist-lose" Natur. Die Frage ist stattdessen: Welcher Geist weht durch das (zunächst im Sinne der formalen Soziologie verstandene) Miteinander des Menschen als Naturwesen? Ist es ein Nebeneinander oder gar ein Gegeneinander oder ein „eigentliches" Miteinander der sozialen Freiheit und der gemeinsamen Verantwortung für die soziale Ordnung dieser Miteinanderfreiheit im Kontext des Allzusammenhangs der gesamten Natur, dabei die zukünftigen Generationen einschließend?

574 Alloa E u. a. (Hrsg) (2012) Leiblichkeit. Geschichte und Aktualität eines Konzepts, Mohr-Siebeck in UTB, Tübingen.

5. Ausdrucksgestalt und innere Welt des Lebens: Reflexionen zum Wesen der Morphologie

Eine der wichtigsten Quellen, um die Zusammenhänge zwischen Entelechie, Metamorphosen und Gestalt so zu verstehen, dass es möglich wird, die Dynamik des Werdens und des Wachstums des Lebens auch für eine Morphologie des geschichtlichen Dasein des Menschen als kulturelles Naturwesen zu verstehen, ist das Werk von Goethe.[575] Die Kölner Gemeinwirtschaftslehre[576] hat das morphologische Denken vor dem Hintergrund einer entsprechenden Methodologie der rekonstruktiven Sozialforschung[577] insbesondere auf das Genossenschaftswesen[578] (auch im kulturgrammatischen Zusammenhang mit der Kategorie der Gabe[579]) übertragen können.[580] Die Form-Frage[581], um mit Adolf Portmann zu sprechen, wird mit der Hermeneutik der Sinnfunktion sozialer Gebilde verbunden.[582]

575 Simonis A (2001) Gestalttheorie von Goethe bis Benjamin. Diskursgeschichte einer deutschen Denkfigur. Böhlau, Köln u. a. sowie Breidbach O (2006) Goethes Metamorphosenlehre. Fink, München; Hilgers K (2002) Entelechie, Monade und Metamorphose. Formen der Vervollkommnung im Werk Goethes. Fink, München; Axer E, Geulen E & Heimes A (2021) Aus dem Leben der Form. Studien zum Nachleben von Goethes Morphologie in der Theoriebildung des 20. Jahrhunderts. Wallstein, Göttingen. Ferner Maatsch J (Hrsg) (2014) Morphologie und Moderne. Goethes anschauliches Denken in den Geistes- und Kulturwissenschaften seit 1800. De Gruyter, Berlin.

576 Schulz-Nieswandt F (2021) Gemeinwirtschaft. Grundriss einer Morphologie der dualen Wirtschaft. In memoriam Theo Thiemeyer (1929–1991). Duncker & Humblot, Berlin; Schulz-Nieswandt F (2020) Gemeinwirtschaft und Gemeinwohl. Eine Diskurseröffnung. Nomos, Baden-Baden.

577 Schulz-Nieswandt F (2021) Rekonstruktive Sozialforschung als strukturale Hermeneutik. Eine dichte Grundlegung. Nomos, Baden-Baden sowie Schulz-Nieswandt F, Bruns A, Köstler U & Mann K (2022) Was ist „struk-jektive Hermeneutik"? Objektive Hermeneutik, Dokumentarische Methode der praxeologischen Wissenssoziologie und post-strukturale Kritische Theorie. Nomos, Baden-Baden.

578 Vgl. u. a. Blome-Drees J & Moldenhauer J (2023) Morphologie und Typologie genossenschaftlicher Betriebe. LIT, Berlin u. a.

579 Schulz-Nieswandt F & Micken S (2021) Die Gabe. Kulturgrammatischer Baustein und generative Form der genossenschaftsartigen Sozialgebilde. LIT, Berlin u. a.; Schulz-Nieswandt F, Micken S & Moldenhauer, J (2022) Morphologie der Gabe. Fragmente einer hermeneutischen Gestaltlehre der Gabemechanismen. LIT, Berlin u. a. sowie Schulz-Nieswandt F (2023) Onto-Poetik der responsiven Gabe. Alber in Nomos, Baden-Baden.

580 Vgl. auch Schulz-Nieswandt F (2018) Morphologie und Kulturgeschichte der genossenschaftlichen Form. Nomos, Baden-Baden.

An diesem Punkt meiner Ausführungen können wir exemplarisch auf das Büchlein „Alles fließt. Wege des Lebendigen“[583] (A-WdL) von Adolf Portmann eingehen. Auch hier geht es Adolf Portmann darum, sich ein angemessenes – eben vollständiges, das ganze erfassende – „Bild der Natur“ zu machen.

Er beginnt mit einer – durchaus auch politischen – Kritik der Maskerade der Sachlichkeit (A-WdL S. 21) und betont die Verantwortung angesichts der Freiheit der gestaltenden Entscheidungsfindung des Menschen (A-WdL S. 22). „Das aber gehört zum Schwersten in unserer Zeit: einzugestehen, daß diese Wildnis in uns gebändigt werden muß, daß wir unser Dasein nicht einfach leben dürfen, sondern daß wir es führen müssen.“ (A-WdL S. 23) Die Natur kann nicht böse sein, wohl aber und nur der Mensch (A-WdL S. 87), wobei er eben auch zur Umkehr fähig ist (A-WdL S. 40). Das macht gerade seinen Geist – der die Helle des Lichts (A-WdL S. 101) suchen kann (A-WdL S. 42) – aus. Die Naturforschung des Menschen oszilliert diesbezüglich zwischen Pessimismus und Optimismus (A-WdL S. 46).

Die vollumfängliche Naturforschung sah er gegeben, wenn sich die Wissenschaft – nicht ohne ästhetische Kompetenz, die er bei Goethe vorliegen sah – der „Sprache der Oberfläche“ des Lebens (A-WdL S. 23 ff.) als Methode des Verstehens des Organismus (A-WdL S. 29 ff.) zuwendet. Dem instrumentellen auf funktionale Zweckmäßigkeit abstellenden Verstand und der abstrakt-formalen Theoriebildung wird man – komplementär mit Blick auf das humane Ganze der wahren Einheit des Lebens – die imaginative Kraft der schöpferischen Phantasie als ästhetische Methode beistellen, also zur Seite stellen müssen (A-WdL S. 139).

Das wichtigste und schönste Buch von Adolf Portmann zur Gestaltlehre ist vielleicht „Die Tiergestalt“ (T).[584] „Dieses Buch handelt von der Gestalt der Tiere; die Eigenart ihrer sichtbaren Erscheinung ist das Ziel der Darstellung.“ (T S. 15) Der Weg führt hierbei und dazu von außen nach innen, von der Oberfläche in die Tiefe (T S. 17 ff.). Dabei stellt sich das „Problem der ‚Form‘“ (T S. 34), wobei sich einzelne Bausteine zur „Gestalt“ fügen.

---

581 Burdorf D (2001) Poetik der Form: Eine Begriffs- und Problemgeschichte. Metzler, Stuttgart/Weimar.

582 Schulz-Nieswandt F & Moldenhauer J (2023) Tischgenossenschaft und Genossenschaft der Tische. Eine kleine Morphologie der Miteinander-Gabe und der Für-Gabe für Andere als Formen sozialer Beziehungen. LIT, Berlin u. a.

583 Portmann A (1967) Alles fließt. Wege des Lebendigen. Herder, Freiburg i. Br. u. a.

584 Portmann A (1965) Die Tiergestalt. Studien über die Bedeutung der tierischen Erscheinung. 2., neubearb. u. erw. Aufl. Herder, Freiburg i. Br. u. a.

Dabei ist die Oberfläche von eigener Werthaftigkeit, weil sie nicht einfach nur Zwecksetzungen des Innenraums erfüllt. Das wäre reiner Funktionalismus. Die Form folgt nicht der Funktion. Allerdings ist auch die Funktion nicht nur eine Funktion der Form. Die Form ist generativ und performativ zugleich, wie ich es ausformulieren würde, dabei aber gar nicht so weit von der klassischen aristotelischen Ontologie[585] entfernt, wie sie auch bei Edith Stein (vgl. nochmals weiter oben) ausgebildet wurde. Die Form ist keine „Fassade", „falscher Schein" und „Oberflächlichkeit" (T S. 35). Eine angemessene Metaphysik der Form ist komplizierter. Wenn die „Gestalt als Zeuge der Innerlichkeit" (T S. 193 ff.) entfaltet wird, so ist diese Semiotik der Verweisstruktur der Weg zu einer Hermeneutik des Verstehens der Gestaltung seitens der Lebewesen (T S. 213 ff.). Jenseits[586] des alten Streits zwischen Mechanizismus, Materialismus und Vitalismus[587] sieht Adolf Portmann in den Gestaltmerkmalen der Form eben einen eigenständigen Formwert als einen trans-funktionalistischen Überschuss (T S. 226), was der dort zitierte Buytendijk den „demonstrativen Darstellungswert" nannte (T S. 227).

Ist das Thema der Manifestation des Sinns in der Ausdrucksgestalt der ornamentalen Oberfläche das Thema der Performativität, so beruht das Prozessgeschehen der Bildung dieser Ausdrucksgestalt auf einem Sinngehalt in der Tiefe des Gebildes, dass aus der Innerlichkeit heraus das Thema der Generativität ist. Das Prinzip der Form ist in diesem Zusammenspiel von Performativität und Generativität eine Doppelnatur zwischen Passivität und Aktivität, zwischen Ausdruck und Bildung, als eine sich selbst als Form zum Ausdruck bringende Formbildung der Form. Die Bedeutung ist nie ein „Form-loser" Inhalt. Es gibt keinen Inhalt ohne Form, die dem Inhalt erst die Gestalt gibt, in der der Inhalt als Bedeutung – also als

---

585 Aichele A (2009) Ontologie des Nicht-Seienden. Aristoteles' Metaphysik der Bewegung. Vandenhoeck & Ruprecht, Göttingen.

586 Mit Blick auf eine nochmals differenziertere Landschaftsskizze oftmals bipolar kodierter Strömungen vgl. Illies J (1981) Adolf Portmann. Ein Biologe vor dem Geheimnis des Lebendigen. Herder, Freiburg i. Br. u. a.: S. 25.

587 Dazu die sehr klärende methodologische und epistemologische Systematik der biologischen Theorie- und Forschungsrichtungen bei Wahlert G von (1972) Adolf Portmann. Versuch einer Würdigung. Reinhardt, Basel: S. 28 ff. Breiter, tiefer und anspruchsvoller: Illies J (1981) Adolf Portmann. Ein Biologe vor dem Geheimnis des Lebendigen. Herder, Freiburg i. Br. u. a.: S. 12 ff., fast schon in eine geneaologische Rekonstruktion der neuzeitlichen Wissenschaftsprogrammlogik übergehend.

Sinn – zum Leben wird. Das Leben ist immer *pneumatisch.*[588] Man muss also einerseits Sinn und Form (Adolf Portmann[589] spricht auch von Stoff und Psyche) begrifflich – im *Hyle-Morphismus* – unterscheiden, aber im Prozessgeschehen ist es immer die Form als Formbildung der Ausdrucksgestalt, in der der Sinn zum Leben und seiner Bedeutung wird. Deswegen ist der Mensch ein Naturwesen mit Geist, weil das Pneuma gar nicht außerhalb der korporalen[590] Natur als Reich der Gebilde – bedeutungsvolle figürliche Gestalten darstellend – sein kann.

Diese performative/generative Doppelnatur der Form macht das Prinzip des Lebens aus. Dies ist zugleich in epistemischer Sicht der Wesenskern der Ästhetik des Lebens. Die Ästhetik der Ausdrucksgestalt des Lebens ist eine Bedeutungslehre der Form, die als Form in der Formbildung ihren Sinn – ihren Geist – verkörpert. Damit wird die Form nicht als reine Hülle abgewertet, aber auch nicht zur Kategorie einer bedeutungslosen Reinheit erklärt. Das Leben ist Form als Ausdrucksgestalt. Und die Gestaltdignität ist eine Frage der Dignität der Form, die aber als Ausdruck nicht ohne Sinnbedeutung sein kann.

In neueren Studien kulturwissenschaftlicher Ästhetik drehen sich die Diskurse um eine Poetik der Oberfläche und um das Lob, das den Oberflächen geschuldet werden sollte. Eine Philosophie der Oberfläche[591] wird angedacht. Ein Teil dieser Diskurse ist geprägt von einem postmodernen Geist, der die Präsenz und die Performanz in das Zentrum rückt.[592] Dennoch ist die semiotische Tradition der Hermeneutik der Tiefe der Oberfläche immer noch relevant wirksam. Die Oberfläche – die „Hautlichkeit“[593] – birgt also ihre Geheimnisse.[594]

---

588 Putscher M (1974) Pneuma, Spiritus, Geist. Vorstellungen vom Lebensantrieb in ihren geschichtlichen Wandlungen. Steiner, Wiesbaden.

589 Portmann A (1973) Vom Lebendigen. Suhrkamp, Frankfurt am Main: S. 7 ff.

590 Böhler A, Herzog Chr & Pechriggl A (Hrsg) (2013) Korporale Performanz. Zur bedeutungsgenerierenden Dimension des Leibes. transcript, Bielefeld.

591 Rathe C (2020) Die Philosophie der Oberfläche. Medien- und kulturwissenschaftliche Perspektiven auf Äußerlichkeiten und ihre tiefere Bedeutung. transcript, Bielefeld.

592 Rieger St & Lechtermann Chr (Hrsg) (2015) Das Wissen der Oberfläche. Epistemologie des Horizontalen und Strategien der Benachbarung. Diaphanes, Zürich.

593 Schnödl G & Windgätter Chr (Hrsg) (2021) „Hautlichkeit“. Oberflächen in Wissenschaft und Design. Kulturverlag Kadmos, Berlin.

594 Die Kritik am Funktionalismus teilte auch Hannah Arendt (in jüngster Zeit als Denkerin des Politischen in einer sehr dynamischen Literaturflut thematisiert) und

Wenn man die Theorie von Grant[595] zu einer spezifischen Anwendung bringen will, wird auch Adolf Portmanns Theorie des Menschen als Naturwesen mit Geist (als eine Position innerhalb der Möglichkeiten einer Philosophie der Biologie[596]) zu einem integrierten Produkt eben der schöpferischen Entwicklungskraft der Natur.

Man mag sich auch fragen, ob nicht der Beitrag von Hans Jonas[597] genau diesen Geist der Natur, die auch den Menschen als Naturwesen mit Geist hervorgebracht hat, dem Denken von Adolf Portmann nahesteht? Wie argumentiert Jonas?[598] In seinen späteren Studien entwickelte Hans Jonas[599] die Konzeption einer philosophischen Biologie, die als ontologisch orientierte Philosophie des Organischen die Dualismen, die gebildet worden sind zwischen Subjekt und Objekt, zwischen Geist und Materie, zwischen Seele und Leib, zwischen Freiheit und Notwendigkeit, theoretisch zu überwinden versucht. Seine Theorie entfaltet die Idee, dass das Organische bereits in seinen phylogenetisch wie auch ontogenetisch elementarsten Formen das Geistige umfasst, während der Geist umgekehrt noch in seinen höchst entwickelten Leistungsformen immer Teil des Organischen ist und bleibt.

Doch Hans Jonas' Werk kann kaum von seinen theologischen Dimensionen im Horizont seiner jüdischen Tradition getrennt werden. In seiner spekulativen Theologie entfaltet er die mythopoetische Idee des sich selbst in seiner Souveränität zurückgenommenen ursprünglichen Schöpfungsgottes, der die Geschichtlichkeit des sich selbst machenden Menschen freisetzte, womit nicht mehr Gott der Welt etwas gibt, sondern der Mensch nun dem

bezog sich dabei auf Portmann: vgl. Arendt H (1979) Vom Leben des Geistes. Band 1: Das Denken. Piper, München: S. 37–40, 48, 50 f., 55, 61, 229.

595 Grant I H (2017) Die Natur der Natur. Merve, Berlin.

596 Krohs U & Toepfer G (Hrsg) (2005) Philosophie der Biologie. Eine Einführung. 3. Aufl. Suhrkamp, Frankfurt am Main. Ferner Köchy K (2008) Biophilosophie zur Einführung. Junius, Köln.

597 Wetz F J (1994) Hans Jonas zur Einführung. Junius, Hamburg sowie Bongardt M u. a. (Hrsg) (2021) Hans Jonas-Handbuch: Leben – Werk – Wirkung. Metzler, Stuttgart/Weimar. Ferner Theis R (2019) Hans Jonas. Etappen seines Denkwegs. Springer VS, Wiesbaden.

598 Die Wege mögen auch zum Werk von Susanne K. Langer führen: Weber A (2002) Feeling the signs: The origins of meaning in the biological philosophy of Susanne K. Langer and Hans Jonas. Sign Systems Studies 30.1: S. 183–199. Vgl. auch Brömßer N (2019) Bild – Präsenz – Symbol. Susanne Langers Philosophie des Bildes. Metzler, Stuttgart/Weimar.

599 Jonas H (1997) Das Prinzip Leben. Ansätze zu einer philosophischen Biologie. 2. Aufl. Suhrkamp, Frankfurt am Main.

werdenden und leidenden Gott etwas geben muss.[600] Solche theologischen Spekulationen finden sich bei Adolf Portmann nicht. Bei Portmann findet sich aber im Ansatz die Betonung einer Ethik mit Blick auf die Sorge für die Welt, die sich radikal bei Jonas[601] stellt.

600 Jonas H (1984) Der Gottesbegriff nach Auschwitz. Eine jüdische Stimme. Suhrkamp, Frankfurt am Main: S. 15 ff.

601 Lüfter R (2923) Das Ende der Notstandsethik. Königshausen & Neumann, Würzburg.

VI. Spuren eines ontotheologischen Gehalts im Werk von Adolf Portmann?

Adolf Portmann war ein Wissenschaftler. Der Natur hat er – auch innerhalb seiner Abhandlungen spürbar – dennoch eine ästhetische Bewunderung entgegengebracht. Ein Staunen – obwohl er diesen Begriff oftmals benutzt – trifft diese Ästhetik nicht vollumfänglich, der Begriff wirkt in der Regel zu ernst, zumal Adolf Portmann von der (nicht instrumentellen) Vernunft auch eine gewisse Heiterkeit[602] in der Daseinsbewältigung erwartet. Dennoch spricht auch Gerd von Wahlert[603] wohl zu Recht von einem „heiligen Ernst", mit dem Adolf Portmann seiner Berufung nachkam. Sein Blick, wenn er die Natur betrachtet, war wissenschaftlich, also, methodisch kontrolliert, um Erkenntnis ringend. Dennoch war es ein Beschauen, so, wie es philosophiegeschichtlich von Beginn an gemeint war: „Die Grundlage für Portmanns Lebenswerk ist eine ausgeprägte Liebe zur Natur in der Verbindung mit Beobachtung und kritischer Auswertung."[604]

Adolf Portmann war Sozialist. Infolge des sozialen Elends wurde schon aus seinem Vater ein sozialdemokratischer Atheist.[605] Er wuchs trotz der Not in glückbringender Geborgenheit auf. Dies kann ich umso mehr gut einschätzen, weil ich diese Erlebniserfahrung gerade nicht kannte.

Adolf Portmann trat (1926[606]) aus der evangelische Kirche aus, schrieb aber, dies bedeute nicht, dass er ohne Religiosität sei.[607] Und am Ende seiner Abhandlung über das (von Konvergenz in der Theoriebildung wie auch von Differenzen in dem Vertrauen auf die Hoffnung eines letztendlich

602 Schulz-Nieswandt F (2021) Horst Wolfram Geißler (1893–1983). Hermeneutik der Daseinstiefe einer heiteren Literatur. Nomos, Baden-Baden. Dazu auch Portmann A (1965) Aufbruch der Lebensforschung. Rhein-Verlag, Zürich: S. 116.

603 Wahlert G von (1972) Adolf Portmann. Versuch einer Würdigung. Reinhardt, Basel: S. 12.

604 Wahlert G von (1972) Adolf Portmann. Versuch einer Würdigung. Reinhardt, Basel: S. 12.

605 Illies J (1981) Adolf Portmann. Ein Biologe vor dem Geheimnis des Lebendigen. Herder, Freiburg i. Br. u. a.: S. 33.

606 Illies J (1981) Adolf Portmann. Ein Biologe vor dem Geheimnis des Lebendigen. Herder, Freiburg i. Br. u. a.: S. 98.

607 Ritter M (2000) Die Biologie Adolf Portmanns in zeitgeschichtlichem Kontext. Basler Zeitschrift für Geschichte und Altertumskunde 100: S. 207–254, hier S. 212.

doch möglichen Durchdringens der Geheimnisse des Lebens geprägte) Verhältnis von Plessner und Adolf Portmann – dabei die Differenz zum Denken von Pierre Teilhard de Chardin betonend – lautet es bei Tolone: „Es scheint so, als ob eine Harmonie und eine gegenseitige Abhängigkeit der Seiten existiert, es eine kosmische Kommunikation (Isomorphie) gibt, die sich Gott, der Wiedererlangung des mythischen und phantastischen Gedanken öffnet: Die Sehnsucht nach der primären Welt. Sollte es wahr sein, dass die Öffnung der Welt uns Ptolemäern erlaubt, kopernikanisch zu werden und die Sicherheit der Primärwelt für die Unsicherheit der Sekundärwelt zu verlassen, dann ist es noch richtiger, dass wir, eher Ptolemäer als Exzentriker, die Pflicht haben, die Erde als Heimat (…) zu bewahren."[608]

Adolf Portmann hat dieses Problem der kopernikanischen Revolution des Weltbildes der Menschen, das in der Philosophie und sodann auch in der Psychoanalyse als Schwankung zwischen Kränkung und Überheblichkeit diskutiert wurde, klar erkannt.[609] Ich habe dies an anderer Stelle[610] diskutiert.

Dennoch ist das Werk von Adolf Portmann nicht nur getrennt von Schnittflächen zur Theologie, sondern weist m. E. auch nicht mit validierbarer Evidenz pantheistische Züge auf.[611] Die Differenz zu Pierre Teilhard de Chardin[612] – Paläoanthropologe und Jesuitenpater – ist beträchtlich. Teilhard de Chardin sah in der Mystik die „Wissenschaft der Wissenschaften". Sein monumentales Werk versucht, Schöpfung und Evolution zusam-

608 Tolone O (2015) Helmuth Plessner und Adolf Portmann. Zur philosophischen Bestimmung des Menschen durch Exzentrizität und Frühgeburt. In Köchy K & Michelini F (Hrsg) (2015) Zwischen den Kulturen. Plessners „Stufen des Organischen" im zeithistorischen Kontext. Alber, Freiburg i. Br./München: S. 141–160, hier S. 159.

609 Portmann A (1965) Die Tiergestalt. Studien über die Bedeutung der tierischen Erscheinung. Herder, Freiburg i. Br./Basel/Wien: S. 193 ff.

610 Schulz-Nieswandt F (2023) Onto-Poetik der responsiven Gabe. Alber in Nomos, Baden-Baden: S. 107 ff. sowie S. 157 ff.

611 Dazu auch die Ausführungen zu der Bedeutung des Werkes von Rudolf Maria Holzapfel für Adolf Portmann bei Illies J (1981) Adolf Portmann. Ein Biologe vor dem Geheimnis des Lebendigen. Herder, Freiburg i. Br. u. a.: S. 96 f. Vgl. Holzapfel R M (1923) Panideal. Das Seelenleben und seine soziale Neugestaltung. 2 Bde. Diederichs, Jena; Holzapfel R M (1928) Welterlebnis. Das religiöse Leben und seine Neugestaltung. 2 Bde. Diederichs, Jena. Vgl. Portmann A (1976) An den Grenzen des Wissens. Vom Beitrag der Biologie zu einem neuen Weltbild. Fischer, Frankfurt am Main: S. 129 f.

612 Hemleben J (1979) Teilhard de Chardin. Rowohlt, Reinbek bei Hamburg. Ferner Schmitz-Moormann K (1986) Teilhard de Chardin in der Diskussion. WBG, Darmstadt.

menzudenken. Seine Stufenlehre[613] ist wie folgt aufgebaut: Teilhard de Chardin ging von einer progressiven Geistwerdung des Kosmos aus, die er mit eigenwilligen Begriffen beschrieb: So sei das Leben (1) durch „Hylogenese" aus dem Stoff (Hyle) hervorgegangen. Dieser Phase der Entwicklung folgt sodann (2) die „Biogenese", die sich auf die Sphäre des Lebendigen („Biosphäre") bezieht. Durch das evolutive Auftreten des Geistes würden sich immer komplexere Gebilde mit immer signifikanter Innerlichkeit und Zentriertheit bis hin zum Menschen gestaltartig entwickeln. Diese Phase im kosmischen Prozess der Evolution nennt Teilhard de Chardin (3) die „Noogenese", die sich auf die „Noosphäre" bezieht (*nous* meint Geist). Die Noosphäre ist die letzte Stufe in der „Kosmogenese". Dabei wird die Liebe als kosmische Energie verstanden.[614] Das Omega als Ziel der Evolution ist bei ihm christologisch als Hyper-Personalität gefasst, in der es zur Einheit des Allzusammenhangs kommt. Dabei strebt die kosmische Entwicklung zu einer immer höheren Komplexität, die zugleich mit einer steigenden internen Konvergenz als Kohäsion verbunden ist. Allen physischen Phänomenen wohnt dabei von Beginn an Geist inne. Dieser Gesichtspunkt mag zu mancher Begegnung mit der Idee des schöpferischen Geistes in der Ausdrucksgestaltlehre von Adolf Portmann führen. Dennoch liegt dem Forscher Adolf Portmann die große Synthese von Schöpfungsglauben und Evolution bei Teilhard de Chardin fern. Für Teilhard de Chardin ging es nochmals anders in Weite und Tiefe um das Ganze: Das Ganze wird in der Weite des Raums und der Tiefe der Zeit als Gesamthorizont des Seins verstanden. Vor allem aber lehnte Adolf Portmann die totalitären Perspektiven einer übermenschlichen Vervollkommnungs-Utopie des Menschen als Fortschrittsglauben[615] – wie bei Teilhard de Chardin und auch im „evolutionären Humanismus" von Julien Huxley – ab. Auch war Adolf

613 Teilhard de Chardin P (1959) Der Mensch im Kosmos. Beck, München sowie Teilhard de Chardin (1961) Die Entstehung des Menschen. Beck, München.

614 Das kann man aber auch anders konzipieren: Vgl. Jankélévitch V (2022) Henri Bergson. Suhrkamp, Berlin.

615 Auf die neueren Diskurse über Trans- und Posthumanismus wollen wir wiederum nicht eingehen. Vgl. u. a. Puzio A (2022) Über-Menschen. Philosophische Auseinandersetzung mit der Anthropologie des Transhumanismus. transcript, Bielefeld sowie Loh J (2019) Trans- und Posthumanismus zur Einführung. 2., überarb. Aufl. Junius, Hamburg. Völlig vergessen zu sein scheint der monumentale Beitrag von Gebser J (1983) Ursprung und Gegenwart. 3 Bde., dtv, München.

Portmann ferner bescheidener, was die Fähigkeit der Prophetie der Zukunft – „das Kommende als klare Konsequenz des Wissens“[616] – angeht.

Adolf Portmann macht deutlich, dass er die Metaphysik von Pierre Teilhard de Chardin nicht mit Verstand verstehen kann, sondern nur hinnehmen kann. Illies[617] fasst diese Konstellation mit Blick auf die Offenheit für die Geheimnisse des Kosmos als Zwischenraum zwischen Darwin einerseits und Teilhard de Chardin andererseits aus.

Teilhard de Chardin sei – so verstehe ich diese Einschätzung – dem Pantheismus nahe, denn es ginge ihm nicht um göttliche Epiphanie, sondern um die Diaphanie des Göttlichen im Allzusammenhang.[618]

Adolf Portmann bringt die Stellungnahme (mit Blick auf die Bildung und den Wandel epistemischer Räume[619]) auf den Punkt: „Jede Theorie überschreitet die bloßen sinnfälligen Tatsachen. Aber in der Weite dieses Hinausgreifens und des Entwerfens neuer Bilder sondern sich die Geister.“[620] Doch hebt Adolf Portmann auch Konvergenzen heraus, etwa die Reflexion der Daseinsweise der Innerlichkeit des Lebendigen.[621] „Ebenso groß ist Teilhard de Chardin in der Formulierung der Sonderstellung des Humanen und seiner eigenartigen Ganzheit von Geist und Leben.“[622] Denn der Geist ist weder ein „Epi-Phänomen“ noch ein „Ausgleich für die dürftige Ausrüstung des Leibes“.[623] Das Geistige ist vielmehr „eine entscheidende natürliche Eigenart allen menschlichen Seins“.[624]

---

616 Portmann A (1960) Der Pfeil des Humanen. Über P. Teilhard de Chardin. Alber, Freiburg i. Br./München: S. 45.

617 Illies J (1981) Adolf Portmann. Ein Biologe vor dem Geheimnis des Lebendigen. Herder, Freiburg i. Br. u. a.: S. 204 ff.

618 Portmann A (1960) Der Pfeil des Humanen. Über P. Teilhard de Chardin. Alber, Freiburg i. Br./München: S. 45.

619 Tulatz K (2018) Epistemologie als Reflexion wissenschaftlicher Praxen. Epistemische Räume im Ausgang von Gaston Bachelard, Louis Althusser und Joseph Rouse. transcript, Bielefeld.

620 Portmann A (1960) Der Pfeil des Humanen. Über P. Teilhard de Chardin. Alber, Freiburg i. Br./München: S. 42 f.

621 Portmann A (1960) Der Pfeil des Humanen. Über P. Teilhard de Chardin. Alber, Freiburg i. Br./München: S. 54.

622 Portmann A (1960) Der Pfeil des Humanen. Über P. Teilhard de Chardin. Alber, Freiburg i. Br./München: S. 55.

623 Portmann A (1960) Der Pfeil des Humanen. Über P. Teilhard de Chardin. Alber, Freiburg i. Br./München: S. 55.

624 Portmann A (1960) Der Pfeil des Humanen. Über P. Teilhard de Chardin. Alber, Freiburg i. Br./München: S. 55.

Schaut man sich die validierbaren Deutungen der Befunde der Situation des Menschen im Anthropozän[625] an, so zeigt sich – auf unterschiedlichen Ebenen (sei es z. B. die Humangerechtigkeit der Medizin[626] oder sei es die solidarische Friedensordnung einer Europäischen Union[627] – die Offenheit der weiteren sozialen Evolution in Richtung auf Progression oder Regression.[628] Damit wird „die Spaltung in Stoff und Geist" überwunden, die die Naturwissenschaft dem Leben zuschreibt, ohne die Innerlichkeit des Lebens zu verstehen. Dennoch sei der zeitliche Pol Omega „jenseits der Sichtweise unserer Lebensführung".[629]

Adolf Portmann hat sein selbstanalytisches Fazit zu seinem Lebenswerk, auch mit Blick auf die konkrete Frage nach der Rolle der Religion in der Naturforschung, in m. E. aller Klarheit treffsicher ausformuliert: „Die Jahrzehnte, von denen ich berichte, haben eine Umformung meines Naturbildes gebracht, eine Ausweitung über jede christliche Weltsicht hinaus, aber ebenso auch hinaus über die Sicht einer positivistischen Naturforschung und eines auf Macht und Beherrschung der Naturvorgänge ausgerichteten wissenschaftlichen Denkens. Gerade diese Ausweitung hat indessen mitgeholfen, in mir ein wachsendes Gefühl auch für die Grenzen der Forschung zu verstärken, ein Gefühl auch für die historische Bedingtheit aller Erklärungsversuche – auch der Naturforschung."[630]

---

625 Hanusch F, Leggewie C & Meyer E (2021) Planetar denken. Ein Einstieg. transcript, Bielefeld; Manemann J (2014) Kritik des Anthropozäns. Plädoyer für eine neue Humanökologie. transcript, Bielefeld. Ferner Wintersteiner W (2021) Die Welt neu denken lernen – Plädoyer für eine planetare Politik. Lehren aus Corona und anderen existentiellen Krisen. transcript, Bielefeld.

626 Schulz-Nieswandt F (2023) Integrierte Versorgung als humangerechte Mutation der Medizinkultur. Das Elend einer Selbstblockierung eines kranken Sektors. LIT, Berlin u. a. Zuvor: Schulz-Nieswandt F (2010) Wandel der Medizinkultur? Anthropologie und Tiefenpsychologie der Integrationsversorgung als Organisationsentwicklung. Duncker & Humblot, Berlin.

627 Schulz-Nieswandt F (2023) Die Europäische Union und die Eule der Minerva. LIT, Berlin u. a. Zuvor u. a. Schulz-Nieswandt F (2012) „Europäisierung" der Sozialpolitik und der sozialen Daseinsvorsorge? Eine kultursoziologische Analyse der Genese einer solidarischen Rechtsgenossenschaft. Duncker & Humblot, Berlin.

628 Bajohr H (Hrsg) (2020) Der Anthropos im Anthropozän. Die Wiederkehr des Menschen im Moment seiner vermeintlich endgültigen Verabschiedung. De Gruyter, Berlin.

629 Portmann A (1960) Der Pfeil des Humanen. Über P. Teilhard de Chardin. Alber, Freiburg i. Br./München: S. 60.

630 Portmann A (1976) An den Grenzen des Wissens. Vom Beitrag der Biologie zu einem neuen Weltbild. Fischer, Frankfurt am Main: S. 135.

In dieser komplexen, sprachlich aber so wunderbar einfach formulierten Selbsteinschätzung wird am Ende ein Gaston-Bachelard-Effekt deutlich: Adolf Portmann bettet erkenntnis- und wissenschaftstheoretische Grundlagen der Methodologie der Methoden der Forschung nochmals im Sinne einer historischen Epistemologie ein: Auch das heute dominierende positivistische Verständnis ist ein Epoche-gebundenes Weltbild. Und dabei ist Adolf Portmann genuin politisch: „Beherrschung der Naturvorgänge" durch die Wissenschaft sieht er als Machtphänomen an. Hier klingt eine Kritik der Herrschaft von Wissenschaft und der von ihr ausgelösten technischen Zivilisation im Anthropozän an. Es ist eine Kritik der prometheischen Hybris, aber nicht als Ausdruck theologischer[631], sondern als Resultat philosophischer Anthropologie: Adolf Portmann tritt ein für „eine Wandlung, die statt des Herrschaftswissens, das uns vor die äußere Bedrohung unseres Daseins geführt hat, ein Heilswissen, das unser gefährdetes Leben wieder menschenwürdig macht."[632], einfordert. Die Kritik des Herrschaftswissen klingt wie aus der Perspektive der Habermas'schen Theorie des kritischen Erkenntnisinteresses.[633] Aber die spätere Verstiegenheit des Rationalismus der nachmetaphysischen Wissenschaft von Jürgen Habermas[634] würde sich Adolf Portmann nicht anschließen können. Seine Diagnose der Gegenwart ist eher geprägt von dem Abgrund, den Theodor W. Adorno[635] empfunden[636] hatte.[637] Und die Idee des Heils erinnert uns hoffnungsvoll eher an Ernst Bloch.[638]

Was Adolf Portmann in dieser Selbstinterpretation auch zum Ausdruck bringt, ist seine Ungebundenheit an ein christliches Weltbild. Dennoch

---

631 Schulz-Nieswandt F (2015) Zur verborgenen Psychodynamik in der theologischen Anthropologie. Eine strukturalistische Sichtung. Nomos, Baden-Baden.

632 Portmann A (1976) An den Grenzen des Wissens. Vom Beitrag der Biologie zu einem neuen Weltbild. Fischer, Frankfurt am Main: S. 136.

633 Habermas J (2008) Erkenntnis und Interesse: Im Anhang: „Nach dreißig Jahren. Bemerkungen zu Erkenntnis und Interesse". Meiner, Hamburg.

634 Habermas J (2019) Auch eine Geschichte der Philosophie. Band 1: Die okzidentale Konstellation von Glauben und Wissen. Band 2: Vernünftige Freiheit. Spuren des Diskurses über Glauben und Wissen. 4. Aufl. Suhrkamp, Berlin.

635 Adorno Th W (1966) Negative Dialektik. Suhrkamp, Frankfurt am Main.

636 Mittelmeier M (2013) Adorno in Neapel. Wie sich eine Sehnsuchtslandschaft in Philosophie verwandelt. Siedler, München.

637 Jeffries St (2019) Grand Hotel Abgrund. Die Frankfurter Schule und ihre Zeit. Klett-Cotta, Stuttgart sowie Mittelmeier M (2021) Freiheit und Finsternis. Wie die „Dialektik der Aufklärung" zum Jahrhundertbuch wurde. Siedler, München.

638 Bloch E (1985) Das Prinzip Hoffnung. Suhrkamp, Frankfurt am Main.

will er seine faszinierte Offenheit für den Zauber der Geheimnisse zum Ausdruck bringen. Denn dergestalt „mußte eine Überzeugung stetig wachsen: Das Ahnen der gewaltigen Geheimnissphäre der Wirklichkeit, die uns umgibt und von der wir selber ein Teil sind."[639]

Nochmals erinnert mich diese Sichtweise an die Vision der heiteren Annahme der unwirklichen Wirklichkeit der Schicksals-Kairos-Momente im Werk von Horst Wolfram Geißler.[640] Und diese Assoziation des Analogen erinnert mich in einem zweiten Schritt an meine Licht-Landschafts-Klang-Metaphysik der Göttlichkeit griechischer Landschaften.[641] In diesem Geist habe ich meine Gabe-Forschung auch im Sinne einer responsiven Phänomenologie[642] gedreht. Vorausgehend gegeben für uns als wahrnehmende Subjekte ist die Welt, in der wir eingestellt sind und die ihre atmosphärische Aura als Zauber entfaltet, wenn man dafür offen ist. Adolf Portmann hat diese Weltoffenheit als Theorem der philosophischen Anthropologie betont. Sie ist die Grundlage, um sodann auch die Möglichkeit der Selbsttranszendenz des Subjekts im Weltinnenraum des Kosmos zu verstehen.[643] Für die Forschung sind die Geheimnisse eben anstehende Probleme, so formuliert es Adolf Portmann. Doch wird deutlich, was dies dann wiederum bedeutet: Probleme zu lösen, schiebt die Faktizität der Geheimnisse wie eine variable Grenzlinie nur immer weiter[644]: „Aber der Prozeß, der vom Außen zum Innerlichen führt, bleibt uns verborgen."[645]

---

639 Portmann A (1976) An den Grenzen des Wissens. Vom Beitrag der Biologie zu einem neuen Weltbild. Fischer, Frankfurt am Main: S. 136.

640 Schulz-Nieswandt F (2021) Horst Wolfram Geißler (1893–1983). Hermeneutik der Daseinstiefe einer heiteren Literatur. Nomos, Baden-Baden.

641 Schulz-Nieswandt F (2021) Zur Göttlichkeit griechischer Landschaften. Königshausen & Neumann, Würzburg.

642 Schulz-Nieswandt F (2023) Onto-Poetik der responsiven Gabe. Alber in Nomos, Baden-Baden.

643 Davon handeln auch meine Beiträge in Schulz-Nieswandt F (2023) Aura des Augenblicks. Epiphanisches Erleben in Dorothy L. Sayers' (1893–1957) Roman „Aufruhr in Oxford". Königshausen & Neumann, Würzburg, wenngleich auch diese Studie eine Folge meiner Beschäftigung mit der responsiven Phänomenologie ist. Ähnlich demnächst: Schulz-Nieswandt F (2023) Mythische Atmosphäre und kreativer Eros. Das Zusammenspiel in „Venus und der Antiquar" von Leo Weismantel. Königshausen & Neumann, Würzburg.

644 So auch explizit in Portmann A (1976) An den Grenzen des Wissens. Vom Beitrag der Biologie zu einem neuen Weltbild. Fischer, Frankfurt am Main: S. 136.

645 Portmann A (1976) An den Grenzen des Wissens. Vom Beitrag der Biologie zu einem neuen Weltbild. Fischer, Frankfurt am Main: S. 136.

VII. Fazit: Naturwesen mit Geist

„Adolf Portmann in seinen letzten Tagen: Ein feines Lächeln prägt seine Gesichtszüge. Sein Blick reicht in die Ferne, wie schon in eine andere Welt, der Blick, der in solche Weiten und Tiefen schauen durfte, der ihm erlaubte, den großen Bogen zu spannen – vom Geheimnis im Tierreich zum Geheimnis des Menschseins."[646]

Zum Geheimnis gehört aber auch die Grenze der externen Sinnbestimmung des Lebens. Wenn das Leben selbst sinnstiftend ist, wird die Biosemiotik nicht die letzten Geheimnisse lüften können.[647]

Aber dieser Themenkreis der biosemiotischen Rezeption, den ich erst im Zuge der vertieften Lektüre des Werkes von Adolf Portmann entdecken durfte, lässt mich trotz seiner zentralen Bedeutung in der biologiephilosophischen Diskussion, auch das klassische Werk von Jakob von Uexküll einschließend, nochmals als Erinnerung an mein leitendes Erkenntnisinteresse anknüpfen.

Ich wollte primär die Bedeutung von Adolf Portmann im Rahmen meiner autobiographischen Entwicklungsreflexion von meiner frühen Kindheit bis hinein in die neueren Metamorphosen[648] meines eigenen wissenschaftlichen Werkes herausarbeiten. Dabei steht der anthropologische Beitrag von Adolf Portmann für eine Theorie der Erziehung und Sozialisation im Vordergrund. Aber gerade in letzter Zeit, als ich mich mit der Frage der Ontoanthropologie der Ausdrucksgestaltwahrheit und ihrer strukturalen

---

646 Vosseler M (1983) Adolf Portmann (1897–1982). Gesnerus 3–4: S. 229–340, hier S. 340.

647 Vgl. in Brenner A (2007) Leben. Eine philosophische Untersuchung. Bundesamt für Bauten und Logistik BBL, Bern. Vgl. auch Schmid H (2023) Leben. Wirklichkeitsgeschichtliche Grundlagen der menschlichen Existenzform. Königshausen & Neumann, Würzburg.

648 Schulz-Nieswandt F (2021) Meine Metaphysik-Kehre im Lichte der gemeinsamen Lehre mit Wolfgang Leidhold. In Mandel C & Thimm Ph (Hrsg) Experience – Implikationen für Mensch, Gesellschaft und Politik. Königshausen & Neumann, Würzburg: S. 199–217, und vgl. exemplarisch: Heerdt Chr & Schulz-Nieswandt F (2022) Das Grundrecht auf Sozialraumbildung im Lichte des Menschenbildes der „sozialen Freiheit" des bundesdeutschen Grundgesetzes: Lehren aus der Corona-Krise. Sozialer Fortschritt 71 (10): S. 771–789.

Hermeneutik befasste,[649] kommt auch der Beitrag von Adolf Portmann zur Geistlehre des Menschen – eben als Naturwesen mit Geist bzw. als geistiges oder Geist-beseeltes Naturwesen – zur Wirkung.

Die Lehre vom Menschen als sekundärer Nesthocker mit einer längeren extrauterinen Embryonalphase, die ich schon in meiner Gymnasialzeit im Leistungskurs der Erziehungswissenschaft kennenlernte, wird mir gerade dann und insoweit wichtig, da ich mich in den letzten Jahren (1) im Zuge der Ausreifung meiner personalistischen Ontoanthropologie, Rechtsphilosophie und Ethik der *Paideia* als „Formung der Person" zuwandte und (2) dadurch das Telos[650] einer modallogischen Geschichtsauffassung in der Tradition Kritischer Theorie besser durchdenken konnte. Entelechie und Metamorphosen wurden zu zentralen Kategorien meines Denkens.

Ebenso früh schon in der Gymnasialzeit bildetet sich bei mir ein Interesse an der Psychoanalyse und an verschiedenen Strömungen der Tiefenpsychologie heraus. Wie später in weiteren Studien interessierte ich mich für die soziologische Theoriebildung immer nur in zweierlei Zugangsperspektiven: (1) Einerseits fragte ich nach den anthropologischen Grundlagen der Soziologie, andererseits konnte ich mir (2) die soziologische Konzeptualisierung (der Rolle) des Subjekts nicht ohne psychoanalytische Tiefenbohrungen vorstellen. Ich vermute, dass meine Hinwendung zur modernen Psychodynamik[651] im Kern signifikant mit meinen eigenen brüchigen Bindungserfahrungen in der sozioökonomischen wie auch emotionalen Prekarität meines familialen Aufwachsens korreliert ist. Meine Faszination

649 Schulz-Nieswandt F (2021) Rekonstruktive Sozialforschung als strukturale Hermeneutik. Eine dichte Grundlegung. Nomos, Baden-Baden sowie Schulz-Nieswandt F, Bruns A, Köstler U & Mann K (2022) Was ist „struk-jektive Hermeneutik"? Objektive Hermeneutik, Dokumentarische Methode der praxeologischen Wissenssoziologie und post-strukturale Kritische Theorie. Nomos, Baden-Baden.

650 Schulz-Nieswandt F (2020) Siegfried Katterle (1933–2019). Sein Werk im Lichte der politischen Theologie von Paul Tillich. Duncker & Humblot, Berlin.

651 Exemplarisch einerseits Schulz-Nieswandt F (2020) Heinrich Federer (1866–1928). Soziogramm und Psychoanalyse eines leidvollen Lebens. Königshausen & Neumann, Würzburg, andererseits Schulz-Nieswandt F (2021) Der Mensch als Keimträger. Hygieneangst und Hospitalisierung des normalen Wohnens im Pflegeheim. Bielefeld, transcript und Schulz-Nieswandt F (2021) Der alte Mensch als Verschlusssache. Corona und die Verdichtung der Kasernierung in Pflegeheimen. transcript, Bielefeld. Vgl. auch Schulz-Nieswandt F (2020) Zur Bedeutung der Psychodynamik für die Sozialpolitik des Alter(n)s in Forschung und reflexiver Praxis. Psychotherapie im Alter 17 (3): S. 355–365, sowie Schulz-Nieswandt F (2013) Der inklusive Sozialraum. Psychodynamik und kulturelle Grammatik eines sozialen Lernprozesses. Nomos, Baden-Baden.

für die Neurosenlehre[652] im Sinne von verstiegenen Charakterneurosen im Vorfeld der psychotischen Eskalationen hat seine Wurzeln in einer lebensgeschichtlich durchgängigen melancholischen Grundgestimmtheit und psychischen Vulnerabilität für Umkippmomente episodischer Depressivität. Zweimal hat mich dies in meinem Lebenslauf in längere therapeutische Behandlungen – einmal katathym-imaginativer[653] und einmal verhaltenstherapeutischer[654] Art – geführt. Meine Theoriebildung ist demnach kaum zu trennen von meiner eigenen Persönlichkeitsentwicklung im Kontext von sozialer Herkunftserfahrung und meines steilen akademischen Bildungsweges als Modus der Erlebniserfahrungsbewältigung als Quasipsychomotorik[655] einer progressiven Fluchtbewegung.

So gesehen arbeitete ich an meinem Selbst als ein Naturwesen mit Geist angesichts einer vulnerablen Fragilität der Bindungserfahrung in der längeren extrauterinen Embryonalphase im Kontext meiner familialen Brutpflege-Prekarität. Mein wissenschaftliches Werk ist somit Ausdrucksgestalt einer Selbstanalyse geworden.

Selbstanalyse ist einerseits eine Schau in den eigenen Innenraum, aber was dort thematisiert wird, bezieht sich – und dies ist mein Verständnis der transaktionalen Relation[656] des Menschen – immer im Sinne von Objektbesetzungen auf Phänomene der Raum-Zeit-Sozialwelt, in der wir eingestellt sind.

Ökonomische Unsicherheitsangst spielte immer eine gewisse Rolle, wurde aber von anderen Daseinsthemen dominiert. Sosehr mein akademisches Werk eine Ausdrucksgestaltqualität auf hoher Entwicklungsstufe erlangt hat, so sehr bleiben andere Dimensionen psychodynamischer Reifung fragmentarisch und fügen sich zu einer eher torsohaften Gewebestruktur meiner Daseinsführung in der sozialen Mitwelt. Meine zutiefst melancholisch

---

652 Ribi A (2011) Neurose – an der Grenze zwischen krank und gesund. Eine Ideengeschichte zu den Grundfragen des Menschseins. Springer, Berlin. Vgl. auch Portmann A (1973) Vom Lebendigen. Suhrkamp, Frankfurt am Main: S. 216, mit Bezug auf Freuds Theorem des Unbehagens an der Kultur.

653 Ullmann H & Wilke E (Hrsg) (2012) Handbuch Katathym Imaginative Psychotherapie. Hogrefe, Göttingen.

654 Böhm K (2021) EMDR in der Psychotherapie der PTBS. Traumatherapie schonend und nachhaltig umsetzen. 2. Aufl. Springer, Berlin.

655 Fischer K (2009) Einführung in die Psychomotorik. 3. Aufl. Reinhard, München.

656 Fuchs Th (2021) Das Gehirn – ein Beziehungsorgan. Eine phänomenologisch-ökologische Konzeption. 6., erw. und aktual. Aufl. Kohlhammer, Stuttgart.

geprägte mythopoetische[657] Arbeit an dem Sehnsuchtsraum – Adolf Portmann ahnt, dass die Sehnsucht nach dem Anderen (und selbst die Bewunderung der Höhlenmalerei[658]) „Ausdruck des unbefriedigten Geistes“[659] in seiner Krise ist – der griechischen Ägäis[660] spiegeln die Chiffre-Artigkeit[661] meiner wissenschaftlichen Studien zum sozialen Drama des Alltags der Menschen und sind selbst Chiffren einer Geistdynamik angesichts bzw. infolge seelischer Verletzungen. Man kann es auch positiv wenden: Seelische Verletzungen können in den modalen Pfaden ihrer Bewältigung geistige Kräfte freisetzen und zur Entfaltungen bringen, die jedoch auch wiederum die Form einer belastenden Verstiegenheit annehmen können, also das rechte Maß aus den Augen verlieren.

In meinen frühen Beschäftigungen mit dem sozialen und psychodynamischen Drama des sekundären Nesthockers bei Adolf Portmann schon in meiner Gymnasialzeit wird mein jemeiniger Weg als Akademiker nicht akademischer sozialer Herkunft hermeneutisch entschlüsselt. Ich habe in der Geistentwicklung die Kraftquelle – das Magma – einer Befreiung aus der multiplen Prekarität gefunden. Wie immer hat alles seinen Preis, der gezahlt werden muss. Die Enge der Atemnot überwunden, so ergreift ein anderer Daimon Besitz von der Innerlichkeit, die wir bei Adolf Portmann thematisiert gesehen haben. Das früh schon erlernte Schema[662] des jemei-

657 Kuehs W (2015) Mythenweber. Soziales Handeln und Mythos. Springer VS, Wiesbaden.

658 Dazu auch Leroi-Gourhan A (1981) Die Religionen der Vorgeschichte. Suhrkamp, Frankfurt am Main. Ferner Lorblanchet M & Bosinski G (2000) Höhlenmalerei. Ein Handbuch. Thorbecke, Stuttgart.

659 Portmann A (1973) Vom Lebendigen. Suhrkamp, Frankfurt am Main: S. 193.

660 Schulz-Nieswandt F (2021) Zur Göttlichkeit griechischer Landschaften. Königshausen & Neumann, Würzburg; Schulz-Nieswandt F (2021) Die Mittelmeerfahrten von Göran Schildt (1917–2009) und seine Daphne. Moderner skandinavischer Blick, Nachkriegsepoche und Griechenlandsehnsucht. Königshausen & Neumann, Würzburg; Schulz-Nieswandt F (2017) Erhart Kästner (1904–1974). Griechenlandsehnsucht und Zivilisationskritik der „konservativen Revolution“. transcript, Bielefeld; zum Teil in Schulz-Nieswandt F (2018) Metaphysik der Sozialpolitik. Richard Seewald und der Renouveau catholique: Spurensuche auf dem Weg zum religiösen Sozialismus. Königshausen & Neumann, Würzburg.

661 Damit meine ich, dass die verhandelten Themen auch eine verborgene symbolische Verweisstruktur auf die für mich selbst daseinsthematisch relevanten und mich herausfordernden Entwicklungsaufgaben darstellen.

662 Schmale-Riedel A (2016) Der unbewusste Lebensplan. Das Skript in der Transaktionsanalyse. Typische Muster und therapeutische Strategien. 4. Aufl. Kösel, München.

nigen „inneren Kindes“[663] führte die erfolgreiche Befreiung zugleich mit einer gewissen Pfadabhängigkeit in die Vereinsamung am Schreibtisch in einer von Kunst und ethnographischen und antiken Artefakten museumsartigen Bibliothek. Doch das Individuum ist immer ein „Knotenpunkt seiner sozialen Beziehungen“.[664] So fragt sich, wer die Kosten trägt. Das Subjekt der Tastatur oder die Familie, die ebenfalls dort wohnt?

Doch vielleicht kommt mit der Emeritierung Mitte 2024 nochmals eine Kehre. Ich kaufe mir wieder ein Mikroskop und richte mir eine kleine Laborecke ein, kehre also – nicht als Regression – wieder in den Zauber des Übergangs der Kindheit in die frühe Jugend ein: Man lege nur wenige Tage Gras ins Wasser und kann alsbald vielerlei kleinste Lebewesen auf dem Deckblatt fixieren und unter dem Mikroskop studieren, nun aber anders als früher, weil das Mikroskop am PC angeschlossen werden kann und die Geheimnisse des Lebens am großen Bildschirm erscheinen können. Ich bin mir noch nicht sicher, ob ich nicht bei dem einfachen Mikroskop bleiben werde. Vielleicht entdecke ich wieder den Zauber, den auch Adolf Portmann in Kindheit und Jugend erlebte und der auch mir nicht fremd war, wenn ich immer und immer wieder gleiche oder ähnliche Veranstaltungen im Bochumer Planetarium bei dem alten Herrn Winkelmann – so erinnere ich mich – besuchte und dort Daseins-tröstend eintauchen und zur inneren Ruhe kommen konnte. Bis in die Zeiten des Studiums sah ich mir die TV-Serien über Naturthemen an. Warum brechen solche innigen Gewohnheiten ab, wenn der ältere erwachsene Mensch vom Käfigmechanismus des Berufslebens vereinnahmt wird?

In der Frage liegt schon die Antwort verborgen. Es war eine unbewusste rhetorische Figur, die sprachlich zum Ausdruck gebracht wird. Erich Kästner hatte schon recht. Die Erwachsenen legen oftmals ihre Kindheit so ab, als ob es alte Kleider wären. Und er hatte auch recht, wenn er dabei meinte, man wäre dann kein wahrer Mensch mehr. Man wird unwahr, weil man ein Teil eines Wesenskerns verloren gehen lässt. Aber auch dieser Zusammenhang ist transaktionaler Art: Das System, in das der Erwachsene

663 Herbold W & Sachsse U (Hrsg) (2018) Das so genannte Innere Kind. Vom Inneren Kind zum Selbst. 2. Aufl. Schattauer, Stuttgart/New York.

664 Schulz-Nieswandt F (2018) Der Netzwerkmensch und die Idee der Caring Communities in alternden Gesellschaften – eine dichte Darlegung. Case Management 15 (1): S. 4–8, sowie Schulz-Nieswandt F (2013) Die Kommune als vernetzter Sozialraum des gelingenden sozialen Miteinanders. In Rösner H J & Schulz-Nieswandt F (Hrsg) Kölner Beiträge zum Internationalen Jahr der Genossenschaften 2012. LIT, Berlin u. a.: S. 21–42.

wie einst, um in der soziologischen Komparatistik von Max Weber zu wildern, die altägyptischen Fellachen eingefügt wird, sorgt für die neuen Kleider[665], die bekanntlich Leute machen und selbst wiederum in das Identitätsspiel[666] im Modus permanenter Inszenierung[667] von Modenschau[668] und Modetrends[669] eingebettet sind.[670] Hier liegen moderne – vom kapitalistischen Fetischismus geprägte[671] – Formen pseudokreativer Mimikry, um wieder an eine anthropologische Biosemiotik anzuknüpfen, vor.

Schreiben werde ich dann nicht mehr über die Felder der Sozialpolitik des *homo patiens*[672] und über die gemeinwirtschaftliche Daseinsvorsorge[673]. Die Fundierung des Faches in der Lehre von der *conditio humana* ist mir gelungen. Ich werde mich weiterhin[674] der Literatur des Lichts und der Landschaft des Mittelmeerraums, der entsprechenden Dichtung und der Mythopoetik widmen, jedoch auch dies nicht mehr in der neurotischen

665 Gürtler Chr & Hausbacher E (Hrsg) (2015) Kleiderfragen. Mode und Kulturwissenschaft. transcript, Bielefeld.

666 Grigo J (2015) Religiöse Kleidung. Vestimentäre Praxis zwischen Identität und Differenz. transcript, Bielefeld.

667 Volbers J (2014) Performative Kultur. Eine Einführung. Springer VS, Wiesbaden.

668 Kühl A (2015) Modenschauen. Die Behauptung des Neuen in der Mode. transcript, Bielefeld.

669 Lehnert G (2013) Mode. Theorie, Geschichte und Ästhetik einer kulturellen Praxis. 2. Aufl. transcript, Bielefeld.

670 König R (1985) Menschheit auf dem Laufsteg. Die Mode im Zivilisationsprozess. Hanser, München/Wien. Ferner König G M, Mentges G, Müller M R (Hrsg) (2015) Die Wissenschaften der Mode. transcript, Bielefeld.

671 Nyfeler J (2019) Die Fabrikation von Kreativität. Organisation und Kommunikation in der Mode. transcript, Bielefeld.

672 Schulz-Nieswandt F (2017) Heterotope Überstiege in der Sozialpolitik im Namen des *homo patiens*. Überlegungen zu einer onto-theologischen Rechtfertigung des Menschen in der Rolle des Mitmenschen. In Jähnichen T u. a. (Hrsg) Rechtfertigung – folgenlos? Jahrbuch Sozialer Protestantismus Bd. 10 (2017). EVA, Leipzig: S. 187–208.

673 Schulz-Nieswandt F (2019) Daseinsvorsorge. In Ross F, Rund M & Steinhaußen J (Hrsg) Alternde Gesellschaften gerecht gestalten. Stichwörter für die partizipative Praxis. Barbara Budrich, Opladen u. a.: S. 219–227 sowie Schulz-Nieswandt F (2020) Sozialrechtliche Möglichkeiten der Sozialraumorientierung In Lämmlin G & Wegner G (Hrsg) Kirche im Quartier: die Praxis. Leipzig: Evangelische Verlagsanstalt: S. 273–282.

674 Dazu wird gehören: Schulz-Nieswandt (2023) Das Griechenlandbild im Werk von Eva Jantzen. Zwischen arkadischer Sehnsucht und Modernisierungserfahrung. Königshausen & Neumann, Würzburg.

Frequenzpower der letzten Jahre. Andere Themen sollen mich beschäftigen.[675]

675 Z. B. Schulz-Nieswandt F (2023) Aura des Augenblicks. Epiphanisches Erleben in Dorothy L. Sayers (1893–1957) Roman „Aufruhr in Oxford". Königshausen & Neumann, Würzburg, wenngleich auch diese Studie eine Folge meiner Beschäftigung mit der responsiven Phänomenologie ist. Ähnlich demnächst: Schulz-Nieswandt F (2023) Mythische Atmosphäre und kreativer Eros. Das Zusammenspiel in „Venus und der Antiquar" von Leo Weismantel". Königshausen & Neumann, Würzburg. In Vorbereitung sind zwei Abhandlungen, die sich einem ganz anderen Material öffnet, aber im Prinzip alternative Erzählungen mit der Funktion der Einführung in einer interdisziplinäre Sozialtheorien auf psychodynamischen Boden darstellen: Demnächst Schulz-Nieswandt F (2023) Daseinsthematische Polaritäten in „Warrior Cats" (Staffel 1) Eine kulturgrammatische und psychodynamische Analyse im Dialog mit dem jungen Leser Gören Gunnar Langenhorst. Nomos, Baden-Baden sowie Schulz-Nieswandt F (2023) Poetiken des Alltags. Hermeneutische Studien zur TV-Serie „Der Kommissar", zu Simenons „Maigret"-Romanen und zu Liedern von Reinhard Meys. Nomos, Baden-Baden.

Schluss und Ausblick

In Kapitel VII (Fazit) ist doch noch deutlicher geworden, dass ich meiner Erinnerungsarbeit an dem Werk von Adolf Portmann die Signatur einer autobiographischen Note der Spurensuche eingravieren wollte – und zwar nicht als kryptischen Subtext. Die Erinnerungsarbeit ist aber zugleich eine Arbeit an meinen eigenen Einfaltungen in meinem Innenraum als implizites Gewordensein.[676] Der Text führte mich in eine melancholische Gestimmtheit, die in der Lektüre befremdlich erscheinen mag. Aber sie gehört zur Authentizität einer wissenschaftsautobiographischen Reflexion der Bedeutung eines Bezugswerkes, wie es hier Adolf Portmann verkörpert. Ich knüpfe damit an meine Autobiographie[677] und meine eingebauten Reflexionen in meiner Geißler-Abhandlung[678] an. Bilanzierungen habe ich jüngst auch mit Blick auf verschiedene Forschungsfelder angefertigt.[679]

Damit will ich auch die vorliegende Abhandlung zum Abschluss bringen. Ich spüre, dass ich mich nochmals befreien muss. Die Sozialpolitik[680] mit Schwerpunkt auf der Alternsforschung[681] und die Pflegepolitik[682] müssen

676 Hogrebe W (2013) Der implizite Mensch. De Gruyter, Berlin.

677 Schulz-Nieswandt F (2019) Die unvollkommene Paideia. Eine psychomotorische Hermeneutik meiner Odyssee zwischen Schicksal und Freiheit. Königshausen & Neumann, Würzburg.

678 Schulz-Nieswandt F (2021) Horst Wolfram Geißler (1893–1983). Hermeneutik der Daseinstiefe einer heiteren Literatur. Nomos, Baden-Baden.

679 Schulz-Nieswandt F (2023) Die Europäische Union und die Eule der Minerva. LIT, Berlin u. a. sowie Schulz-Nieswandt F (2023) Integrierte Versorgung als humangerechte Mutation der Medizinkultur. Das Elend einer Selbstblockierung eines kranken Sektors. LIT, Berlin u. a.

680 Schulz-Nieswandt F, Köstler U & Mann K (2022) Gestaltwerdung als Gelingen der Daseinsführung im Lebenszyklus. Das Erkenntnisinteresse der Kritischen Wissenschaft von der „gerontologischen Sozialpolitik". Nomos, Baden-Baden. Dazu auch Schulz-Nieswandt F, Köstler U & Mann K (2021) Sozialpolitik und ihre Wissenschaft. LIT, Berlin u. a.

681 Hank K, Schulz-Nieswandt F, Wagner M & Zank S (Hrsg) (2019) Alternsforschung. Handbuch für Wissenschaft und Praxis. Nomos, Baden-Baden. Ferner u. a. Schulz-Nieswandt F (2021) Der Gewährleistungsstaat zwischen Wächterfunktion und Innovationsinkubator. Interdisziplinäre Reflexionen zum Kulturwandel des Beratungsansatzes der Beratungs- und Prüfbehörden nach dem Landesgesetz über Wohnformen und Teilhabe des Landes Rheinland-Pfalz (LWTG). Springer, Wiesbaden; Schulz-Nieswandt F (2020) Der Sektor der stationären Langzeitpflege

endlich für mich abgeschlossen werden.[683] Den Weg, den ich als Befreiung aus der prekären Enge meiner extrauterinen Embryonalphase als später Nesthocker gegangen bin, ist nun selbst längst schon zu einem neuen daimonisch besiedelten Käfig wissenschaftlicher Produktivität geworden, aus dem ich mich nochmals, also erneut, befreien muss. Ich muss selbst in meinem Alter nochmals flügge werden.

Aber es kann – mit Erich Kästner („diese Gnade des stillen echten Bildwebens" in der Kindheit[684], die noch „Zauberwelten"[685] kannte[686]) gedacht – eine erinnernde Rückkehr sein: Kann man als alter Erwachsener sich den glücklichen Momenten der prekären Kindheit erinnernd wieder

---

im sozialen Wandel. Eine querdenkende sozialökonomische und ethnomethodologische Expertise. Springer VS, Wiesbaden; Schulz-Nieswandt F, Köstler U & Mann K (2021) Lehren aus der Corona-Krise: Modernisierung des Wächterstaates im SGB XI. Sozialraumbildung als Menschenrecht statt „sauber, satt, sicher, still". Nomos, Baden-Baden; Schulz-Nieswandt F (2017) Kommunale Daseinsvorsorge und sozialraumorientiertes Altern. Zur theoretischen Ordnung empirischer Befunde. Nomos, Baden-Baden; Schulz-Nieswandt F (2018) Biberacher „Unsere Brücke e. V." Redundanz im bunten Flickenteppich der Beratung, Fallsteuerung und Netzwerkbildung oder Modell der Lückenschließung? Nomos, Baden-Baden; Schulz-Nieswandt F (2018) Lokale generische Strukturen der Sozialraumbildung. § 20h SGB V und § 45d SGB XI im Kontext kommunaler Daseinsvorsorge. Nomos, Baden-Baden; Schulz-Nieswandt F (2019) Das Gemeindeschwester^{plus}-Experiment in Modellkommunen des Landes Rheinland-Pfalz. Der Evaluationsbericht im Diskussionskontext. Nomos, Baden-Baden; Schulz-Nieswandt F (2019) Gestalt-Fiktionalitäten dionysischer Sozialpolitik. Eine Metaphysik der Unterstützungstechnologien im Kontext von Krankenhausentlassung und der Idee eines präventiven Hausbesuchs als Implementationssetting. Nomos, Baden-Baden; vgl. auch in Schulz-Nieswandt F (2023) „Alltagsbegleitung, Betreuung und haushaltshilfliche Dienstleistungen im Alter" der BürgerSozialGenossenschaft Biberach eG. Nomos, Baden-Baden.

682 Zuletzt u. a. Schulz-Nieswandt F (2023) Transnationale Zuwanderung der Sorgearbeit. Eine Problematisierung. Kohlhammer, Stuttgart sowie Schulz-Nieswandt F, Köstler U & Mann K (2021a) Kommunale Pflegepolitik. Eine Vision. Kohlhammer, Stuttgart; ferner Schulz-Nieswandt F (2021) Kommunale Pflegepolitik als sozialraumorientierte Daseinsvorsorge. Konturen einer Vision. In Jacobs K u. a. (Hrsg) Pflege-Report 2021. Springer, Berlin: S. 219–229. Aus steht noch: Schulz-Nieswandt F u. a. (2023) Innovationen in der Alterspolitik. Kohlhammer, Stuttgart.

683 Schulz-Nieswandt F & Thimm Ph (2023) Wirtschaftsorganisationsrecht und Organisationskultur in der Langzeitpflege. LIT, Berlin u. a.

684 Portmann A (1967) Alles fließt. Wege des Lebendigen. Herder, Freiburg i. Br. u. a.: S. 142.

685 Portmann A (1967) Alles fließt. Wege des Lebendigen. Herder, Freiburg i. Br. u. a.: S. 158.

686 Dazu in wunderschöner Schilderung: Portmann A (1955) Ein Naturforscher erzählt. Reinhardt, Basel: S. 64.

zuwenden? Mikroskop und Reagenzglas statt Tastatur und Tausende Seiten der mühseligen Korrekturarbeit? Ich werde sehen.

Was liegt nunmehr alles zurück? • Studium der Sozialwissenschaft 1978 bis 1983, dann • Tätigkeit an verschiedenen Universitäten (Bochum, Köln, Regensburg, Konstanz, Kassel, Göttingen, Bielefeld, und sodann aber 1998 in Köln), • unterbrochen 1996–1998 mit leitender Funktion am DZA[687] in Berlin. • Viele Beiräte und Kommissionen u. ä., oftmals mit Vorsitzrollen. • 18 Jahre Dekanatsrollen und andere Selbstverwaltungsrollen. • 12 Jahre Honorarprofessur für Sozialökonomie der Pflege[688] an der PTH[689] (heute VPU) in Vallendar. • Betreuung von ca. 50 Dissertationen: Ich habe sie nicht exakt gezählt. • Ein großer Lehrstuhl mit zwei Seminarinstituten (Sozialpolitik und Genossenschaftswesen und die spätere Erweiterung der Lehraufgaben im Gebiet der qualitativen Sozialforschung), der überwiegend sehr gut funktioniert hat, weil ich meist – es gab, ganz normal, auch Enttäuschungen – in vielerlei Sicht wertvolle junge, mitunter auch mitalternde Mitarbeiter*innen hatte, mit freiwillig mehr Lehre und Betreuungsaufgaben, als es Pflicht gewesen war. • Kleine und große Drittmittelprojekte, die überwiegend stressig waren. • Ehrenamtliche Vorsitzaufgaben in gemeinnützigen fachpolitischen Organisationen. • Viele interessante, von der Universität genehmigte Gemeinwohl[690]-dienliche Nebentätigkeiten im Bereich des Engagements in Praxisfeldern. • Ca. 400 öffentliche Vorträge. • Über 100 kleine und auch umfängliche, immer aber komplexe Monographien und ca. 400 sonstige wissenschaftliche Abhandlungen.

Ist das nicht wahrlich genug? Zumal im Gegenstandsfeld meiner Lehre und Forschung die großen dionysischen[691] Sprünge der Sozialpolitik in

---

687 Schulz-Nieswandt F (2014) Ein Blick von Außen. Re-konstruktive Erzählung zur Gestaltentwicklung des DZA 1996–2014. In DZA (Hrsg) 40 Jahre DZA. Berlin: DZA, S. 72–86.

688 Schulz-Nieswandt F (2016) Sozialökonomie der Pflege und ihre Methodologie. Nomos, Baden-Baden.

689 Sirsch E, Brandenburg H & Hülsken-Giesler M (Hrsg) (2016) Vom Zauber des Anfangs und den Chancen der Zukunft. Festschrift zum 10-jährigen Bestehen der Pflegewissenschaftlichen Fakultät an der Philosophisch-Theologischen Hochschule Vallendar. Hogrefe AG, Göttingen.

690 Schulz-Nieswandt F (2022) Gemeinwohl in einer Gesellschaft des privatbesitzrechtlichen Individualismus. Nomos, Baden-Baden.

691 Schulz-Nieswandt F (2015) „Sozialpolitik geht über den Fluss". Zur verborgenen Psychodynamik in der Wissenschaft von der Sozialpolitik. Nomos, Baden-Baden.

der Dynamik des Sozialen Fortschritts[692] ausblieben.[693] Jetzt geht es um das Loslassen-Können. Alles hatte seine Zeit. Die Entschleunigung der Corona-Krise war – wobei mir meine privilegierte Situation bewusst ist – eine gute Pretest-artige Übung für die anstehende Emeritierung. Kleine Übergangsaufgaben wird es geben. Doch dann ist genug.

Meine Müdigkeit ist selektiv. Was mich fasziniert, mache ich sogar immer besser als Funktion souveräner Reifung. Anderes ödet mich nach so langer Zeit eher an. Und dann macht man es zwar nicht wirklich schlecht, aber auch nicht mehr richtig gut. Menschlich, allzu menschlich.[694]

Wie bin ich nun zu der Idee gekommen, diese kleine Abhandlung zu schreiben? Ich kam, jenseits der Dominanz meiner etablierten Rezeption von Scheler, Plessner und Gehlen, durch zufällige Antiquariatsfunde auf einige Bücher von Adolf Portmann, die ich vom Titel her kannte, aber nie gelesen hatte. Das hat sich schnell geändert. Und damit tat sich ein neuer lichtender Erfahrungsraum für mich auf. Und diese Öffnungserfahrung als Erlebnis war mit einem Stich verbunden, den ich spürte. Die Lektüre versetzte mich zurück in meine Jugend und in den Zauber, den ich damals verspürte. Dieses zauberhafte Erleben motivierte mich, in diesen beiden letzten Kapiteln – vielleicht verstörend offen – über die emotionalen Assoziationen der wissenschaftlichen Begierde zu schreiben.[695] Das mag befremden, irritieren, die berühmten Augenbraunen nach oben ziehend. So elementar wichtig die Maske, über die ich mehrfach in Publikationen gehandelt habe, weil sie Kulturgeschichte und Psychodynamik sozialgrammatisch zusammenbringt, und Maskerade[696] für den Schutz des Selbst als

---

692 Schulz-Nieswandt F (2012) Die Sozialpolitik und ihre Wissenschaft im Spiegel der Zeitschrift „Sozialer Fortschritt". Sozialer Fortschritt 61 (5): S. 99–104.

693 Schulz-Nieswandt F (2021) Kardinalfragen einer zukünftigen Wissenschaft heterotoper Gemeinwirtschaft. Zeitschrift für Gemeinwirtschaft und Gemeinwohl 44 (1): S. 135–143.

694 Nietzsche F (2000) Menschliches, Allzumenschliches. Ein Buch für freie Geister. 5. Aufl. Insel Verlag, Berlin.

695 Kuberka T (2005) Versuche, in der Welt zu Hause zu sein. Hannah Arendt: Schreiben als Verstehen. Lang, Frankfurt am Main u. a.

696 Weihe R (2004) Die Paradoxie der Maske. Geschichte einer Form. Fink, München. Zur Vertiefung: Brauneck M (2020) Masken. Theater, Kult und Brauchtum. transcript, Bielefeld; Filitz J E (2018) Masken im Altertum. Zwischen Religion und Kunst. wbg Philipp von Zabern in WBG, Darmstadt; Röttgers K & Schmitz-Emans M (2006) Masken. Verlag Die Blaue Eule, Essen; Ferino-Pagden S & Kunsthistorisches Museum (Hrsg) (2009) Wir sind Maske. Ein Streifzug durch Zeiten und Kulturen. Katalog der Ausstellung Museum für Völkerkunde Wien, 4. Juni – 28. September 2009. Wien.

Selbsterhaltung der fragilen menschlichen Persönlichkeit ist:[697] Manchmal ist Öffnung des Fensters – eine große Metapher in der Malerei und Literatur[698] – zur Außenwelt wichtig, produktiv und hilfreich. Für das eigene Selbst, aber auch – so hängen Empathie und Externalitäten, Freiheit und Verantwortung zusammen[699] – für die Anderen in der Rolle der Mitmenschen, die mit dieser Zumutung konfrontiert werden.

697 Vgl. auch in Schubert C (2020) Masken denken – in Masken denken. Figur und Fiktion bei Friedrich Nietzsche. transcript, Bielefeld.

698 Selbmann R (2009) Eine Kulturgeschichte des Fensters von der Antike bis zur Moderne. Reimer, Berlin.

699 Dazu auch Oberlin G (2023) Die permissive Gesellschaft. Schuld und Sühne im Generationenwechsel. Königshausen & Neumann, Würzburg.

FSC
www.fsc.org
MIX
Papier | Fördert gute Waldnutzung
FSC® C083411

Kolibri 360 GmbH
Ferdinand-Jühlke-Straße 7
99095 Erfurt, Deutschland
produktsicherheit@kolibri360.de

FSC
www.fsc.org
MIX
Papier | Fördert
gute Waldnutzung
FSC® C083411

Kolibri 360 GmbH
Ferdinand-Jühlke-Straße 7
99095 Erfurt, Deutschland
produktsicherheit@kolibri360.de